U0275225

中国出版政府奖 装帧设计奖

第 一 届 2 0 0 7

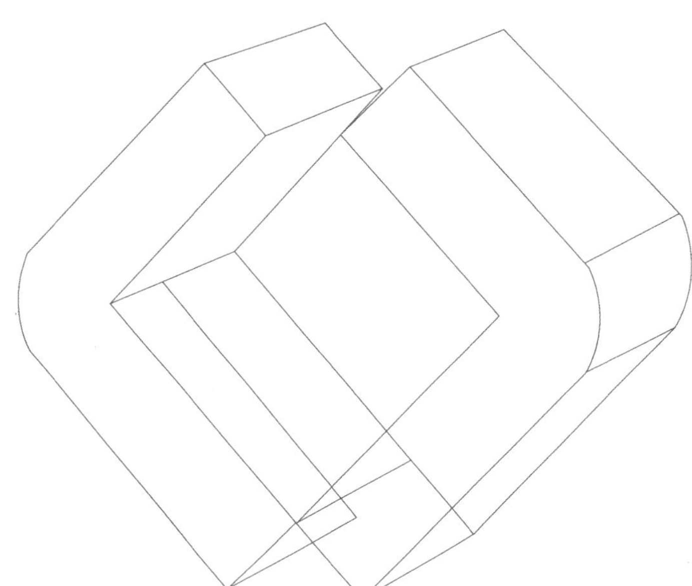

获奖作品集

柳斌杰 主编
邬书林 副主编

The Awarded Works Collection of the Chinese Government Award for Publishing, Graphic Design Award
The First Session 2007

辽宁美术出版社

2007-

序言

中国是世界出版大国，从古代的简策、帛书等形式的书籍算起，至今已有三千年的书籍发展史。书籍作为文化产品，代表了一个国家、一个民族的文明与进步。书籍装帧不仅反映图书产品的外观形象和内在品质，而且体现民族文化的精髓和主流文化的方向，是实现书籍的社会功能、展示民族文明进步的重要载体。繁荣和发展我国的出版事业、促进中国图书走出去，书籍装帧设计是一个重要的环节，得到了政府主管部门和业界的高度重视。

2007年，新闻出版总署（现国家新闻出版广电总局）决定举办首届中国出版政府奖评奖活动，并委托中国出版协会负责子项奖——装帧设计奖的评奖工作。在中国出版政府奖评奖工作领导小组的领导下，中国出版协会于2007年、2010年和2013年主持评选了首届、第二届和第三届装帧设计奖，每届评出获奖作品10件、提名奖作品20件，三届共评出获奖作品30件、提名奖作品60件。获奖作品是从全国各出版单位报送的1068种图书、84种音像电子出版物中评选出来的。

作为中国出版业装帧设计领域最高奖项的中国出版政府奖（装帧设计奖）设立以来，在出版界产生了很大的影响，引起了出版界对装帧设计的高度重视，激发了设计者的创作热情，涌现出一大批优秀的装帧设计人才和优秀作品，为书籍装帧领域带来了巨大的变化，促进了我国书籍装帧设计整体水平的提高，在国际文化交流中发挥了积极的作用。

纵观近十年来三届中国出版政府奖（装帧设计奖）的参评作品，我们欣慰地看到，中国书籍装帧设计意识的深化，设计作品从构思内涵到表现形式再到印装工艺都有了很大的提升，充分体现出当代中国书籍装帧艺术百花齐放的时代风貌，使本民族悠久而灿烂的书籍文化得以传承和发扬，并向世界展示和传播。主要表现在以下几个方面。

一、书籍整体设计理念的深化

书籍装帧设计是指从书籍文稿到成书出版的整个设计过程，也是完成从书籍形式的平面化到立体化的过程。它包含了艺术思维、构思创意和技术手法的系统设计，即书籍的开本、装帧形式、封面、腰封、字体、版面、色彩和插图，以及纸张材料、印刷、装订和工艺等各个环节的艺术设计。在书籍装帧设计中，只有从事系统的全方位设计，才能称为装帧设计或整体设计。从一些优秀的书籍设计中，我们可以十分清晰地看到，中国的书籍装帧正在从简单的封面设计或版式设计思维向书籍整体设计的观念过渡，从书籍的平面形式向立体形式转变。

获奖作品《北京跑酷》以一套四册的田野考察和资料整理“报告文献”，用新颖的编排组合形式装入半透明盒内，强化了本书题材的“档案感”，让读者从知性与感性的角度体会北京城市的独特区域划分，更接近对其考察的本质。这一全方位的立体设计方式给今天国内的书籍设计带来了有益的启示。《当代中国建筑史家十书——王世仁中国建筑史论选集》由表及里的整体设计，突出中国古典建筑特质和严谨的学术气氛，从封面、版式、材料、工艺、装帧各方面均追求精美、精致，给人一种深沉、大气、华素之感，较好地体现了当代装帧设计的新理念。

二、中国本土文化审美意识的回归

在书籍装帧中，本土文化审美意识主要体现在两个方面，一是对“书卷气”的尊重和重新诠释；二是对中国视觉元素的运用。“书卷气”是书籍装帧整体意识的升华。“入乎其内，故有生气；出乎其外，故有高致”，是中华民族的审美境界。“书卷气”与中国画的品鉴标准“气韵生动”一样，追求书籍外在形式下的内在气韵。书籍装帧应根据书籍讲述的主题，运用点、线、面、色彩、文字、图形等元素，将其转化为整体和谐之美、灵动之美。在历届参评的许多作品中，我们可以看到书籍装帧者们在极力摒弃媚俗化、庸俗化、盲目西化的做法，追求返璞归真的书卷韵味和本土文化气质，唤起人们对书籍文化的尊重。同时，在面对书籍流通的商业化需求和吸收外来文化的过程中，书籍装帧者们越来越意识到尊重本民族文化审美习惯、运用中国视觉元素和文字的重要性。于是，一股浓郁的中国风在参评作品中吹动起来。

《剪纸的故事》装帧设计巧妙地利用了中国传统民间剪纸刀刻的手法，再现了与原作相似的剪裁感，伴随着翻动与交替的变化，使读者有一种身临其境参与创作的生动体验。在纸张的选择和运用上，也呈现出剪纸艺术的特质。《中国记忆——五千年文明瑰宝》汇集了全国博物馆珍贵的文物精品图片，正文运用传统的筒子页装订成包背装形态，封面运用红色丝绒扎出吉祥纹样，映衬云雾笼罩下的万里长城，腰带背面印刷各时期典型的中国文物，书名用中国红漆片烫压。全书设计充分体现了中国传统书卷韵味和中华文明的内涵。《中华舆图志》封面采用丝制材料，内文采用质地柔软的书画纸并借助中式传统装帧手法。这些极具中国元素的材料和手法，全面地诠释了图书的设计与内容的完美结合。

三、设计与时代同步

强调中国本土风格并非墨守成规、自我封闭。随着全球经济的一体化、科技的发展、时代的进步和生活节奏的加快，装帧设计理念也要不断求新，吸收外来先进设计思想，适应今天社会和年轻读者的审美欣赏习惯，“以人为本”、“以简代繁”，强化书籍视觉传达语言的叙述，如对图像、文字在书籍版面中的构成、节奏、层次以及对时空的把握。如《中国桥梁建设新进展》的整体设计，为了体现“新”，采用了“跨越”的概念，封面的水波纹线，一直延伸至环衬及书籍内页，将桥的跨越感表现出来，极具时代感。《天堂》是一本诗集，整体设计简约、素雅、切题，为表现“天堂”的纯净，基本上去掉了所有的装饰，只有一个形似天使的光环和翅膀，从函套上天堂之门的钥匙处穿越，似可触摸天堂中的母亲、汶川地震罹难的孩童以及自己的灵魂，使本书充满时代的气息。

图书形式与功能的艺术化，使得材料的选择更显得重要。新材料、新工艺的应用，是书籍装帧设计与时俱进的标志，能让图书具有时代特色，对推进工艺技术革新也具有探索和创新意义。《好好玩泡泡书》系列运用新材料特性，取得独创性的装饰效果。图书设计者充分考虑了EVA材料具有手感柔软的亲和力特点，使图书具备了玩具的功能。这种低幼图书玩具化，使阅读过程充满乐趣，是儿童早期阅读的一种有效方式。《工业设计教程》所用的材料较为新颖，创造性地将金属材料引用到图书封面设计中，与工业设计的内容相呼应，恰到好处地把握了艺术表现和阅读功能的关系。

四、追求个性的设计风格

书籍装帧艺术和其他门类的艺术一样，讲究立意、构思独特、形式新颖，彰显个性，具有独特的艺术风格。这是中国出版政府奖（装帧设计奖）对参评作品的基本要求，也是书籍设计者永无止境的艺术追求。《汉藏交融——金铜佛像集萃》整体设计具有鲜明的个性，突出表现金铜佛像的色彩及质感：从内文的红金专色，到前后环衬的古铜色特种纸，再到硬封的铜金属感装饰布料以及函套的佛像烫金点缀，内外呼应，与主题和谐统一，使读者沉浸在中华汉藏文化的光彩之中。《吃在扬州——百家扬州饮食文选》把中国独具特色的筷子转化成书籍设计元素，以餐具托盘的形象、食物的造型及南方园林的窗格纹样，巧妙地营造出江南饮食清甜淡香的风味，可谓立意隽永、构思巧妙，是把地方餐饮文化引入阅读意境的独特设计。《这个冬天懒懒的事》书籍设计具有“活性意味”的特点，文字、色彩、材料、印艺、书籍形态，轻松自若、活灵活现，全方位满足了书籍内容个性化形式的表现要求。

总之，设计师匠心独运，通过各种设计手法，进一步形成自己的独特风格和定位，使自己设计的图书在同类书籍中脱颖而出，进而提升作品的艺术价值。

这套图书收录了三届中国出版政府奖（装帧设计奖）获奖作品，不仅呈现了近十年来设计师们的丰硕成果，而且记录了中国装帧设计艺术发展的历程。每件作品都配有专家的点评，从多角度介绍和展现各设计作品的风貌，旨在让读者细细品味书籍设计艺术的魅力。希望这套图书不仅仅作为出版社美术编辑、社会设计专业人士的业务参考，进一步促进书籍装帧艺术水平的不断提高，而且也能够给予广大读者以书籍设计审美的启发，吸引读者去翻阅、购买、收藏图书，营造全民读书的氛围，为促进中国出版业的大发展大繁荣发挥应有的作用。

目录 · 装帧设计奖

目录 · 装帧设计提名奖

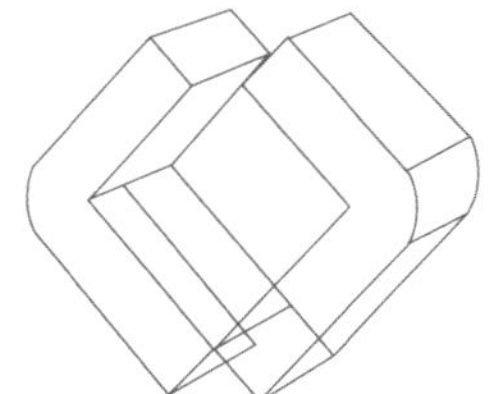

中国出版政府奖

装帧设计奖

2007-

01

书名

曹雪芹扎燕风筝图谱考工志

出版

北京大学出版社

设计

费保龄　汉声　钟边

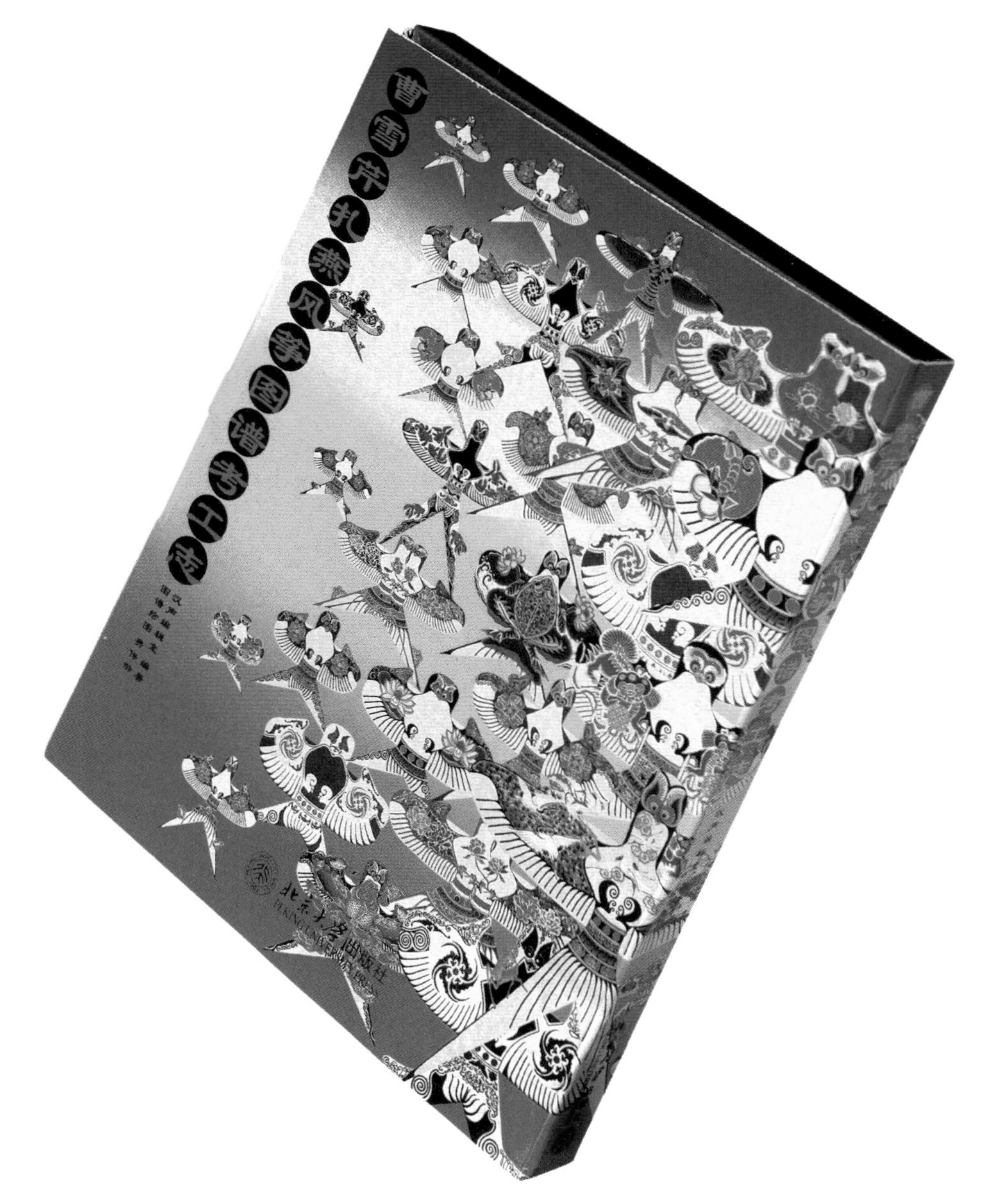

评语

扎燕风筝是中国传统文化中民间艺术的珍宝。

本书运用多样化的设计元素，以线来连接图画、文字相关之处，图谱配有歌诀、明文和图解。对于图谱中所用图片，则是参照原作在电脑上仔细润色，使之尽量能表现出原作之美。书中版式布局别有趣味、一目了然。

装帧设计寓繁于简，不仅详尽记录，而且演示了扎燕风筝的扎、糊、绘、放诸般技艺，还讲述了曹雪芹“以艺济世”的掌故，传承了风筝这一古老民间艺术的文化命脉。

本书融优秀的传统设计构思与当代设计理念于一体，巧妙深刻地呈现出曹雪芹所追求的天人合一的人生境界。

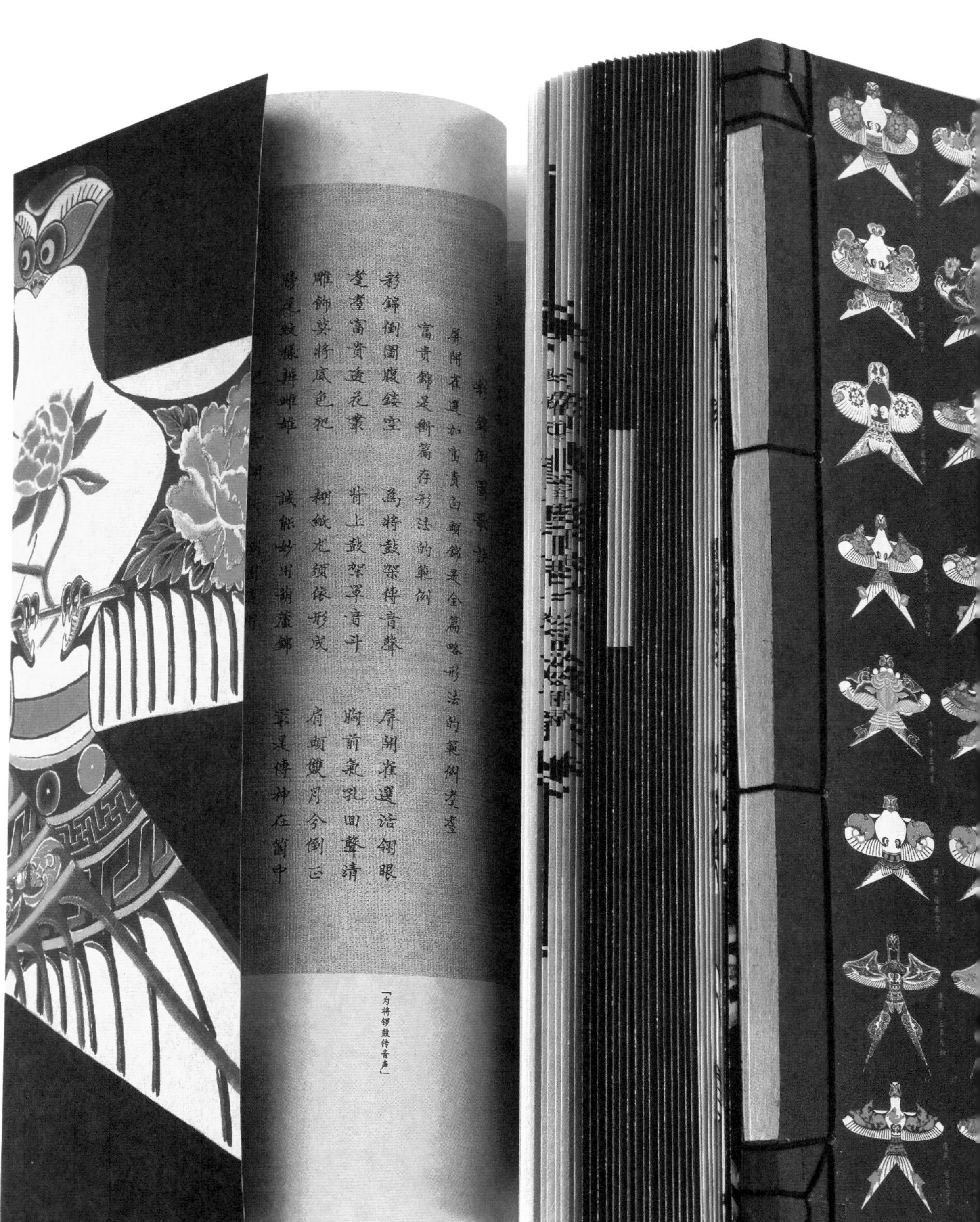

中国出版政府奖
装帧设计奖 获奖作品集
2007–2013

装帧设计奖

The Awarded Works Collection of the Chinese
Government Award for Publishing, Graphic Design Award
The First Session 2007

2007-

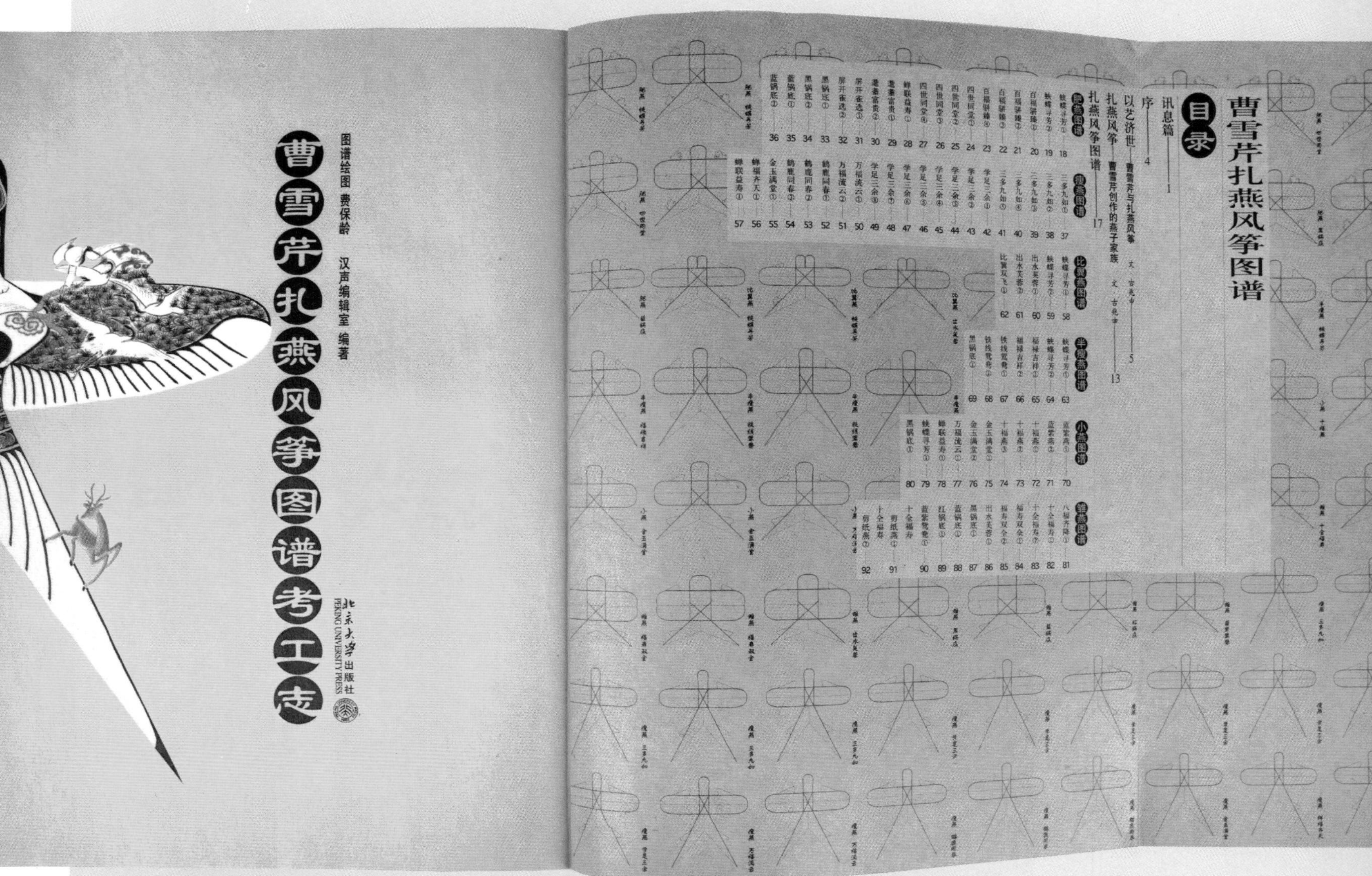

曹雪芹扎燕风筝图谱考工志
图谱绘图 费保龄
汉声编辑室 编著
北京大学出版社
PEKING UNIVERSITY PRESS
曹雪芹扎燕风筝图谱
目录
讯息篇 1
序 4
以艺济世——曹雪芹与扎燕风筝 文·古兆申 5
扎燕风筝——曹雪芹创作的燕子家族 文·古兆申 13
扎燕风筝图谱 17
肥燕图谱
瘦燕图谱
比翼燕图谱
半瘦燕图谱
小燕图谱

蝉福齐天
燕子风筝家族
背架设计与风筝放飞
画面设计
增加变化的倒图画法
意象运用

02

书名

中国木版年画集成 · 杨家埠卷

出版

中华书局

设计

合和工作室

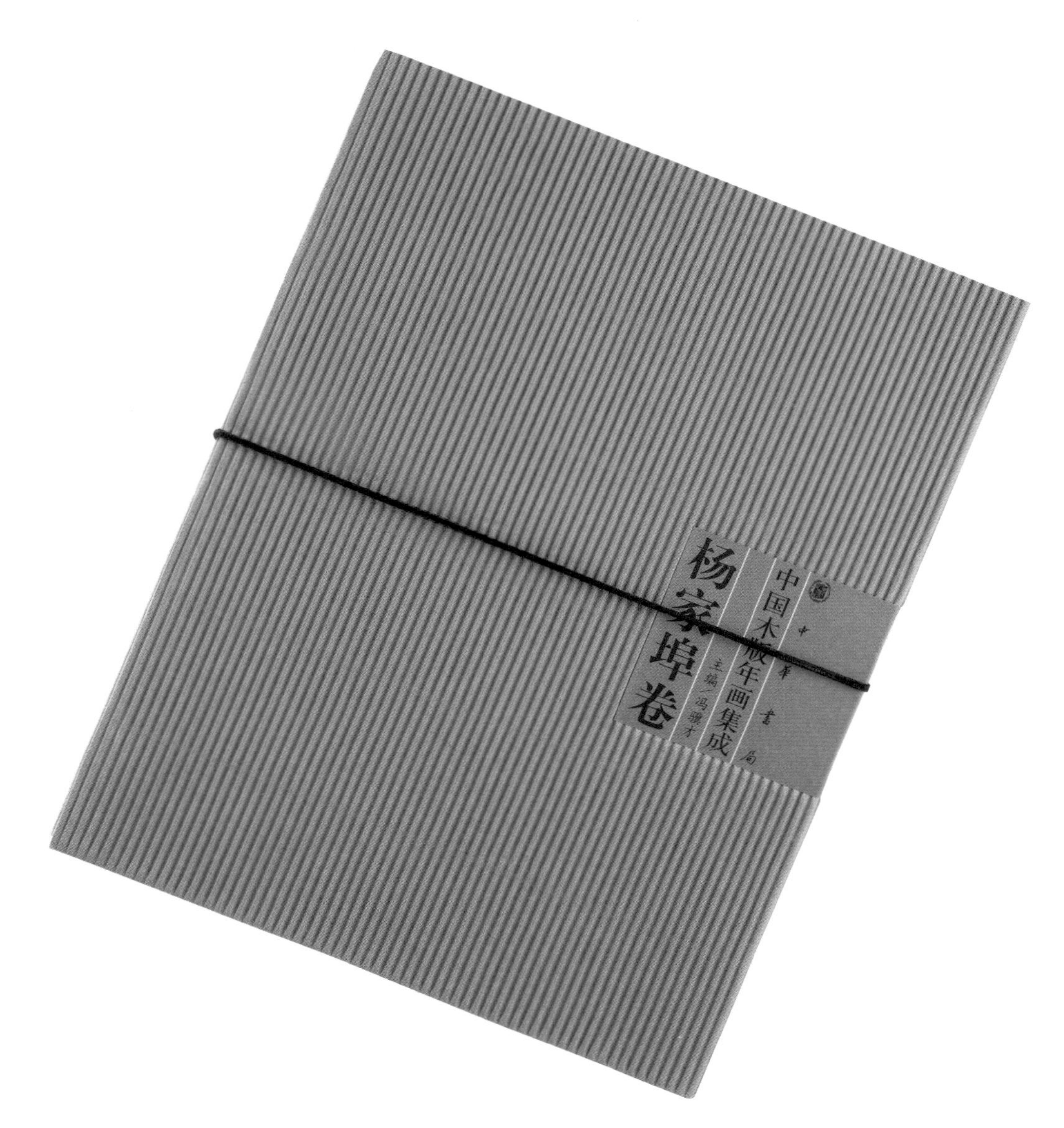

评语

本书将年画作为一种文化现象进行综合考察与研究，不是把年画孤立地当作民间美术的一种形式，而是在充分调查的基础上，更关注年画与其产地的历史人文环境、自然环境、民俗生活以及文化心理的血缘关系，综合运用了文化学、人类学的方法来研究对象。

书籍设计极具民间气息，封套选择瓦楞纸张，凸显民间艺术的淳朴。

封面选用典型的木版年画作品作为元素进行设计，富有张力，色彩丰富。

切口处巧妙地将“中国民间文化遗产抢救工程”与“中国木版年画集成”文字印制一起，左右翻阅时各成一排字，为本书的设计增添了巧妙的一笔。

版式设计采用传统的竖排方式编辑，文字横排与竖排结合，既有传统韵味，又富于变化。

中国出版政府奖
装帧设计奖 获奖作品集
2007–2013

装帧设计奖

The Awarded Works Collection of the Chinese
Government Award for Publishing, Graphic Design Award
The First Session 2007

2007-

中国出版政府奖

装帧设计奖 获奖作品集

2007–2013

装帧设计奖

The Awarded Works Collection of the Chinese Government Award for Publishing, Graphic Design Award

The First Session 2007

2007-

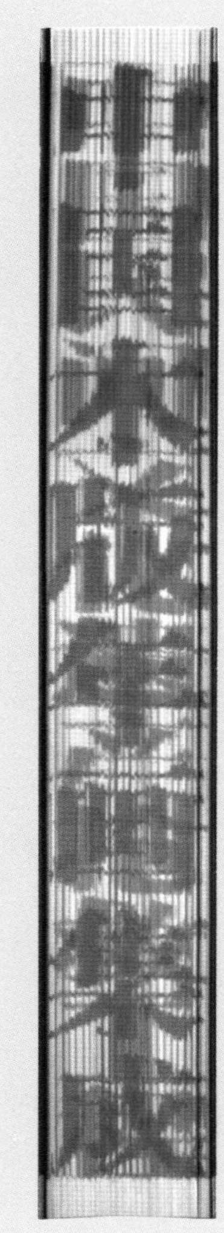

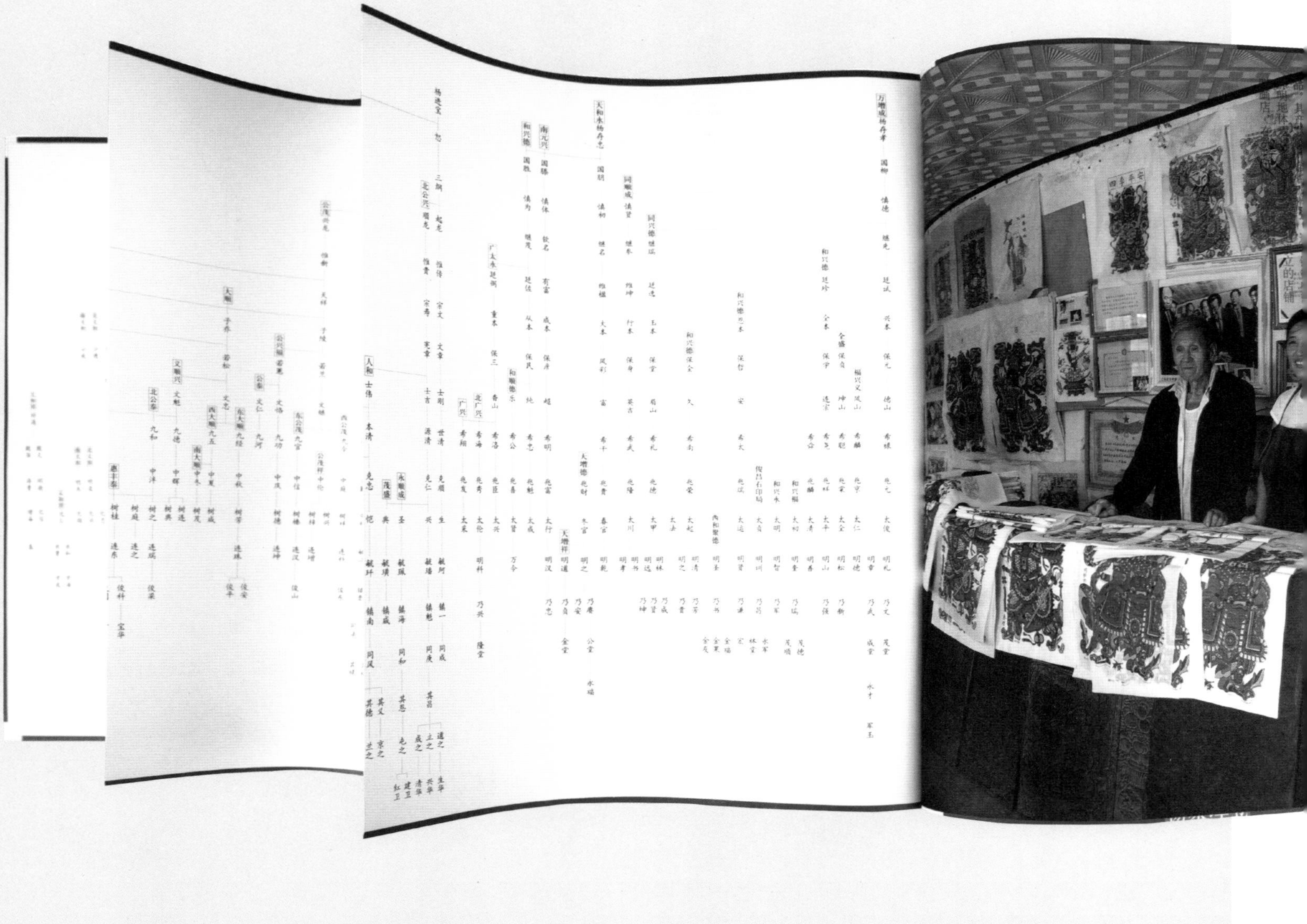

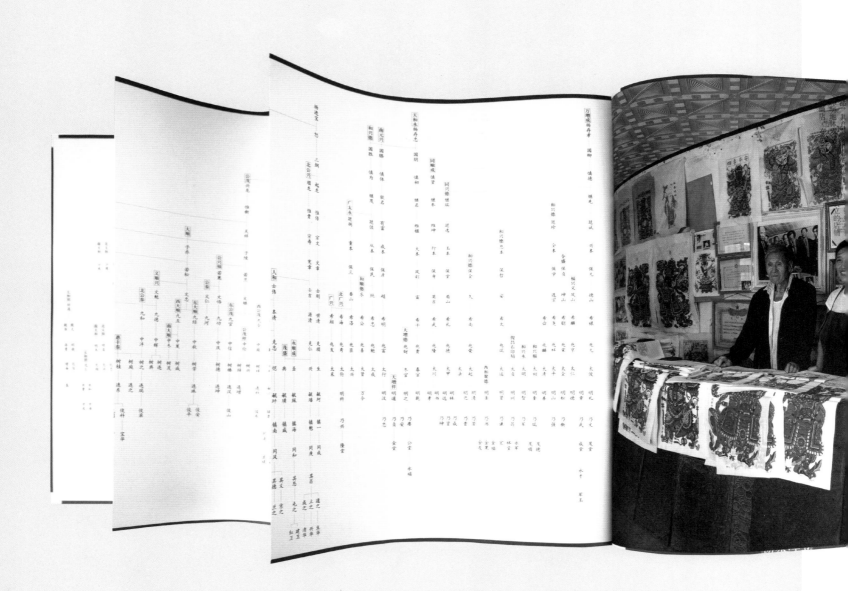

03

书名

长征

出版

人民文学出版社

设计

刘静

评语

本书从人类文明发展的高度重新认识了长征的重要意义，是自红军长征以来第一部用纪实的方式最全面地反映长征的文学作品。在书中，作者弘扬了长征体现出来的国家统一精神和不朽的信念力量。

书籍设计以抽象概括的长征路线图（用烫金印刷工艺的红线图形）镌刻在象征长征者热血浸透的封面上，虽然有大面积的空间余白，却以虚带实。画面呈现出沉重、深邃之感。

内页设计更加注重情感的投入，充分地强调文本的阅读气氛，感染读者。

文字编排引发读者深思，设计者充分给予读者文字以外的感悟和力量。

第七章 血漫湘江 / 173
1934年11月·湘江
第八章 恭贺新年 / 201
1935年1月·乌江
第九章 夜郎之月 / 229
1935年1月·遵义
第十章 残阳如血 / 263
1935年2月·娄山关
第十一章 巴山蜀水 / 303
1935年3月·川北、湘西与陕南
第十二章 金沙水畔 / 341
1935年5月·金沙江
2
第十三章 喜极之泪 / 381
1935年6月·四川达维
第十四章 黑暗时刻 / 425
1935年8月·松潘草地
第十五章 北斗高悬 / 475
1935年9月·陕南与甘南
第十六章 天高云淡 / 517
1935年10月·陕北与川西
第十七章 北上北上 / 563
1936年7月·四川甘孜
第十八章 江山多娇 / 605
1936年10月·甘肃会宁
3

04

书名

徐悲鸿

出版

江苏美术出版社

设计

卢浩

评语

书籍设计简约大气，恢宏洗练，与徐悲鸿先生的作品风格一致。函盒正中利用徐悲鸿先生的签名体作设计主要元素，简明扼要，庄重大方。

全书以年份为线索，作出若干分册设计，便于读者徜徉于时空长河，品味悲鸿先生作品的意境。分册封面设计与函盒设计既高度统一又富于变化。

对应不同时期的不同签名笔体，映射出时代更迭中的悲鸿先生在艺术探索中求新求变的精神。

中国出版政府奖
装帧设计奖 获奖作品集
2007–2013

装帧设计奖

2007-

The Awarded Works Collection of the Chinese
Government Award for Publishing, Graphic Design Award
The First Session 2007

1895
1953
1924-1928
1928-1935
1941-1950
1935-1940

中国出版政府奖

装帧设计奖 获奖作品集

2007—2013

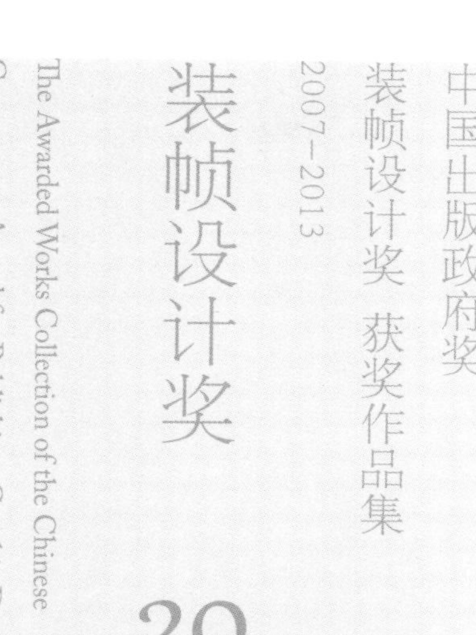

装帧设计奖

The Awarded Works Collection of the Chinese
Government Award for Publishing, Graphic Design Award
The First Session 2007

2007-

05

书名

荷兰现代诗选

出版

广西师范大学出版社

设计

张明　刘凛　申山

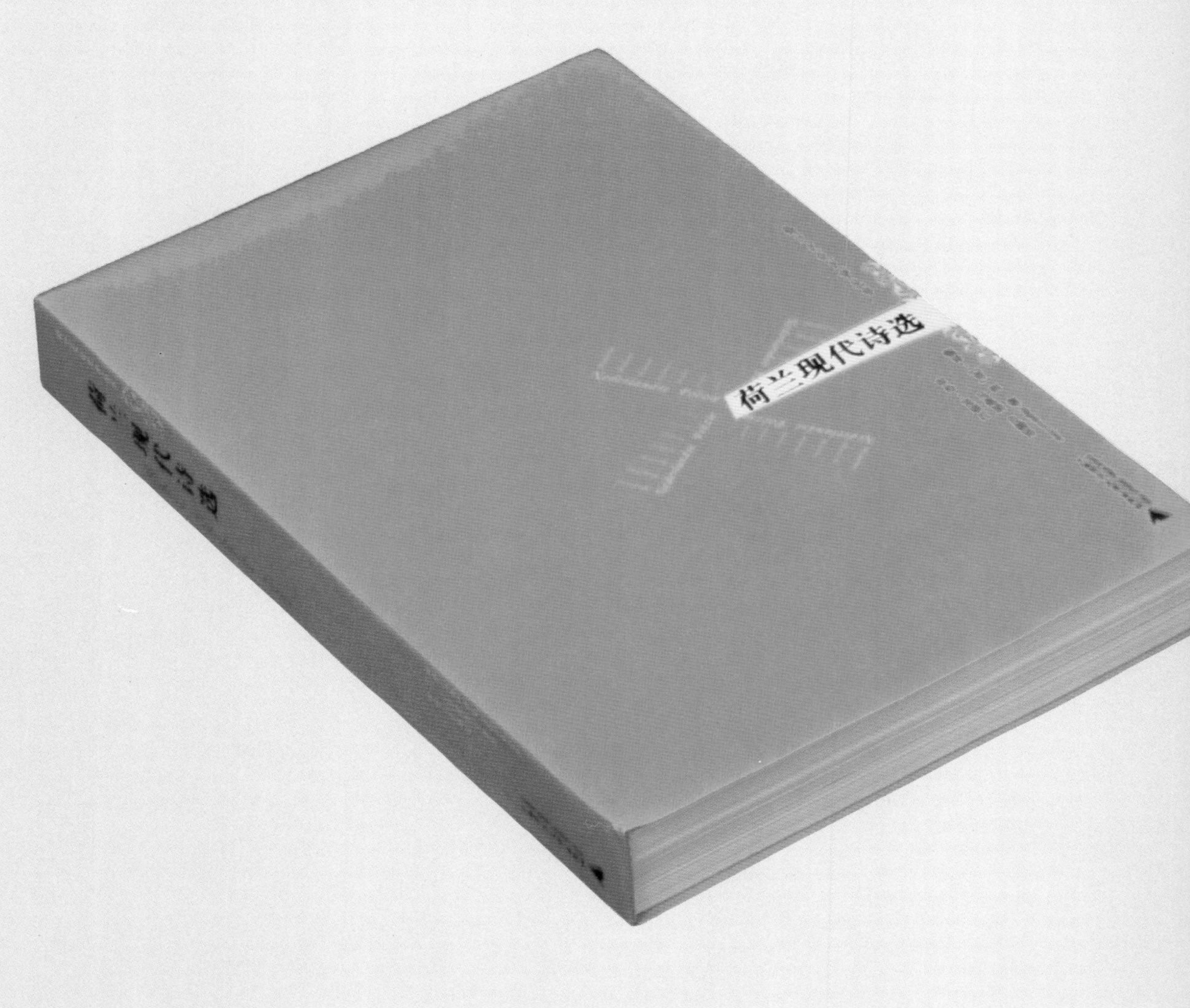

评语

橙色是荷兰皇族的颜色，也是荷兰人钟爱的色彩。

本书的设计，从封面、环衬、内封、插页到内文都以橙色元素为主调。

函套采用星彩米金纸，柔和的金属色调，华贵而不张扬。

函套的闭合方式是文件袋绳扣式，红、白、蓝三色绳代表荷兰国旗的色彩，同时，绳扣又取意于西方古典服装衣扣的形式。

封面设计简洁，用荷兰文组成一个风车图案，书名则是使用一个柞木形的泛白效果衬出。

封面选用刚古星域柔感纸，柔软的纸面如天鹅绒般细腻、丝滑，彰显贵族气质。

内文疏朗，部分页面衬以淡雅橙色底纹，同时穿插荷兰风情照片。

全书的设计充分运用荷兰民族图形的信息，既有民族风情，又具现代气息。

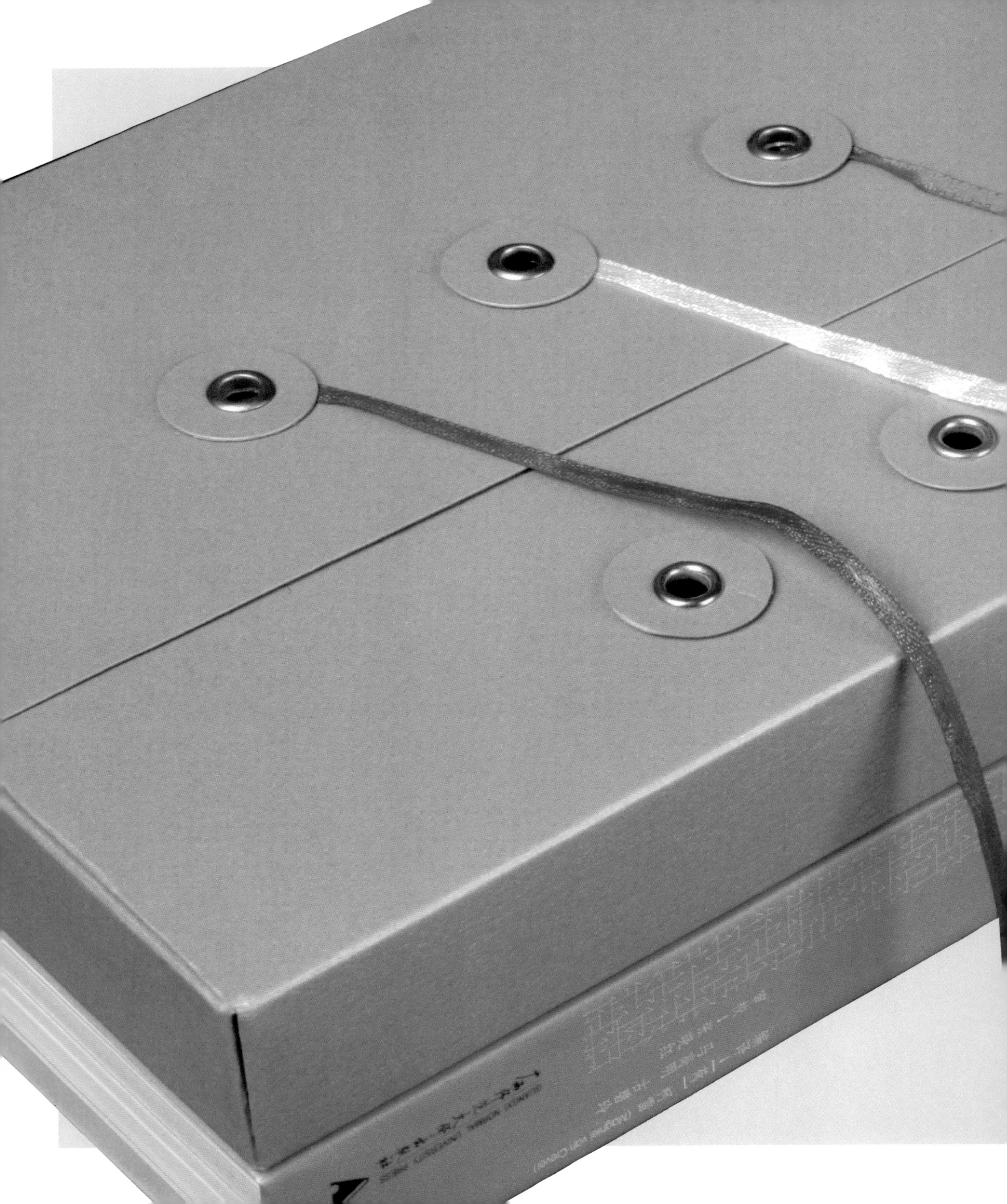

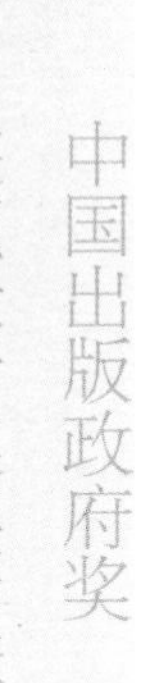

中国出版政府奖

装帧设计奖 获奖作品集

2007–2013

装帧设计奖

2007-

The Awarded Works Collection of the Chinese Government Award for Publishing, Graphic Design Award

The First Session 2007

06

书名

蒙古族通史

出版

辽宁民族出版社

设计

杜江

评语

蒙古民族有悠久的历史、灿烂的文化，是勤劳、勇敢的民族。

本书着重编写了 13 世纪前的蒙古史，将蒙古史从远古时代到中世纪时期连接起来，使蒙古史更具完整性；将蒙古史系统化、条理化、科学化，使世人更加了解中华五千年的光辉历史，有利于加强中华民族的团结，使中华文化发扬光大。

书籍的护封设计运用具有鲜明民族特色的色彩语言和极具魅力的民族手工艺品图像以及颇具民族特色的蒙古族文字作为设计元素，沉着大气的编排，都充分展示出蒙古族的奔放与热情。

内封设计选用单色蓝，配以击凸印刷工艺的蒙文字，既有表意功能，又起到装饰作用。内文的版式设计是根据蒙古族古籍的特色推演而来。整套书籍设计均彰显了蒙古族的奔放与豪迈之情。

07

书名

无色界
——嘎玛·多吉次仁
（吾要）作品

出版

民族出版社

设计

吾要

评语

本书既有古老文化符号的人文情怀，又具创新精神的意境韵味。融合现代设计语言的布局编排和富有个性，张力的视觉表达。

封面裱糊黑色亚麻布，质感朴实，烫印红色标题字，醒目突出，压凹图形丰富了画面层次。书籍开本分为大小不一的三种尺寸，以黑、白、红三色间隔，对比强烈，便于翻阅查找。裸露书脊设计，以古线装订形式固定成册，体现出游牧民族质朴自然的风格。黑色页UV藏文模仿石刻效果，庄严神圣。

版式变化丰富，章节中十个系列，每个系列为一种绘画语境，具有独特寓意和独立风格。既有舞台剧般身临其境的起伏激情，又有明快的色彩节奏，更有浓重深沉的文化底蕴，使读者感受到传统文化与现代艺术表现形式相结合的圆满意境。

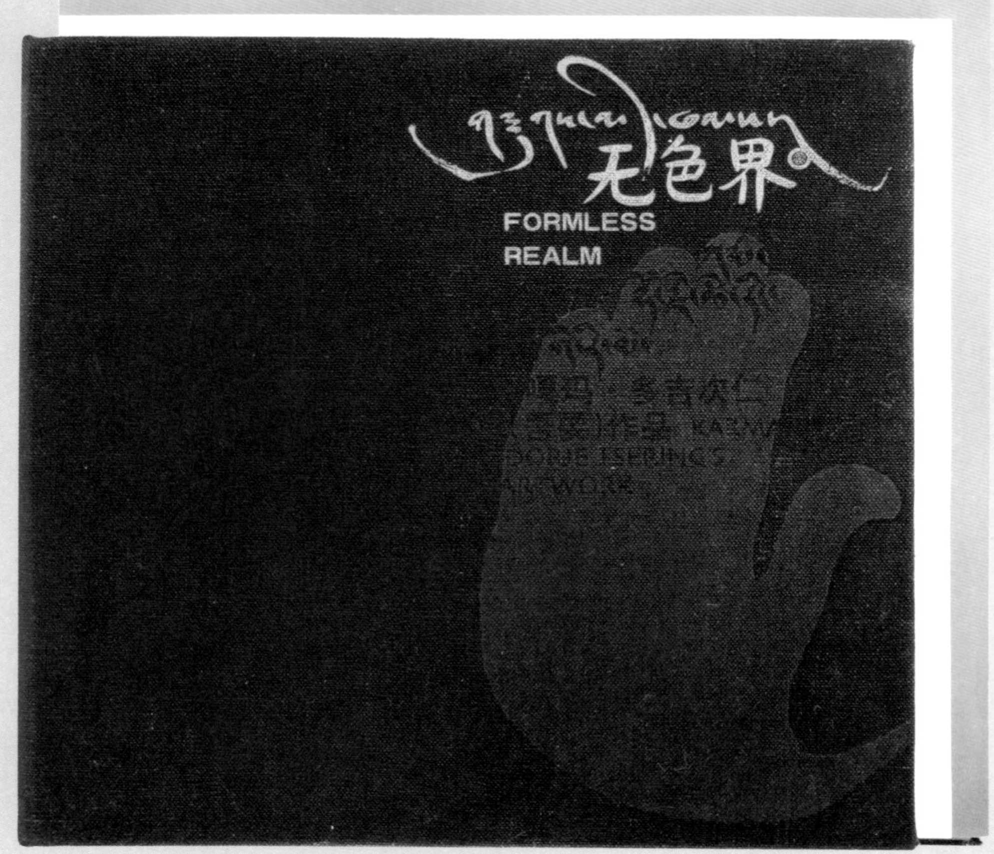

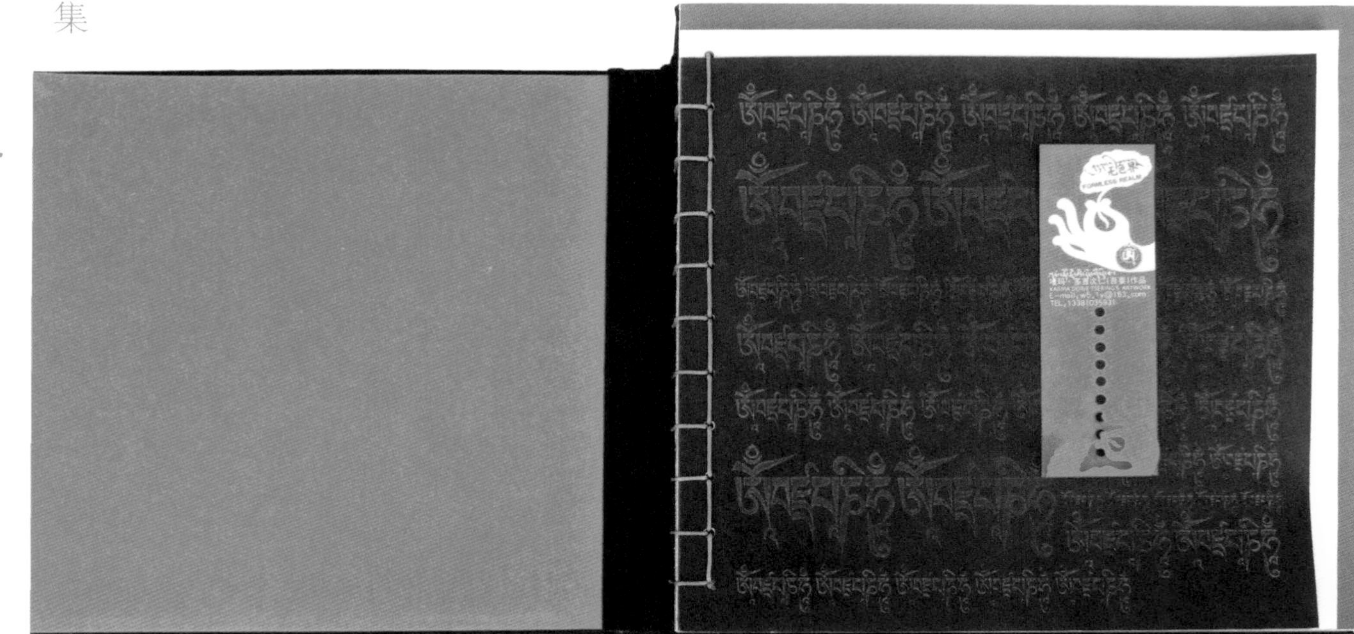

无色界
FORMLESS REALM

中国出版政府奖

装帧设计奖 获奖作品集

2007–2013

装帧设计奖

2007-

The Awarded Works Collection of the Chinese
Government Award for Publishing, Graphic Design Award
The First Session 2007

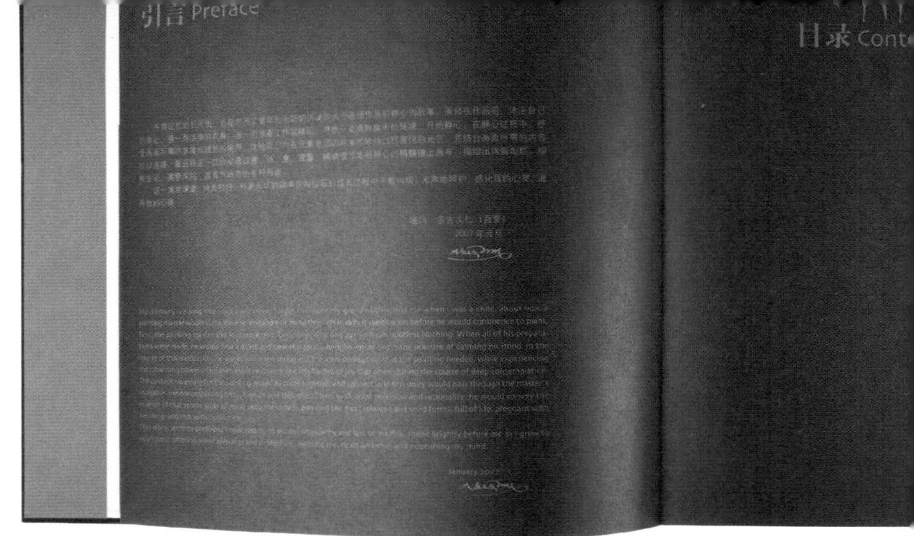

08

书名

上海图书馆藏明清名家手稿

出版

上海古籍出版社

设计

姜寻工作室

评语

函套设计以双鱼烫金工艺处理，以古人书信上常附的双鱼图形与鸿雁传书之典故有机结合（因为此书内容为明清名家信札及手稿，所以选择双鱼图形作为元素进行设计）。

扉页及内文以双鱼尾的形式出现，书籍上、下册的书脊合在一起并以双鱼尾的合璧状表现，使书籍在设计上符合主题，巧妙生动。

书籍整体采用装帧手法中的蝴蝶装，边缘图案类似蝴蝶的双翅，展现当代装订方式与传统装帧形式的遥相辉映。

环衬、扉页及内文多以宣纸作为基础，函盒内裱的宣料中性绿纸配以函盒的淡绿飘金材质，流露出和谐统一的美，整本书给人以淡雅、和谐的视觉感受，充满了浓厚的人文气息。

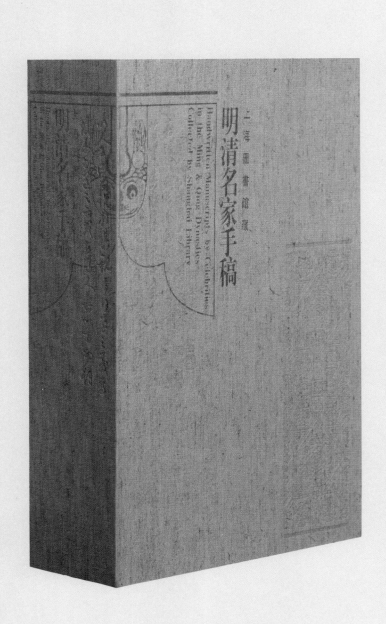

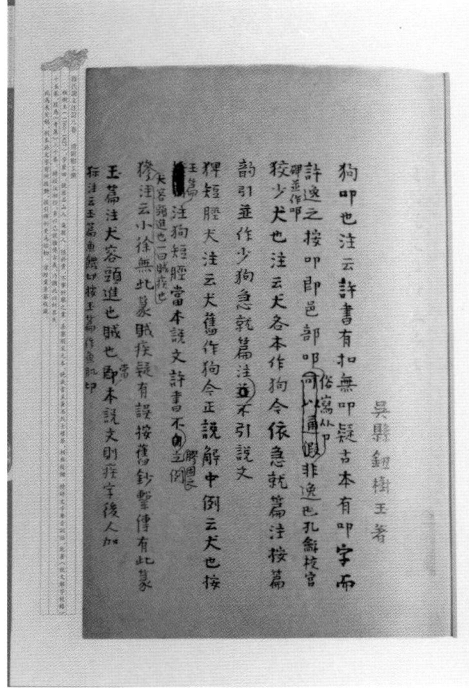

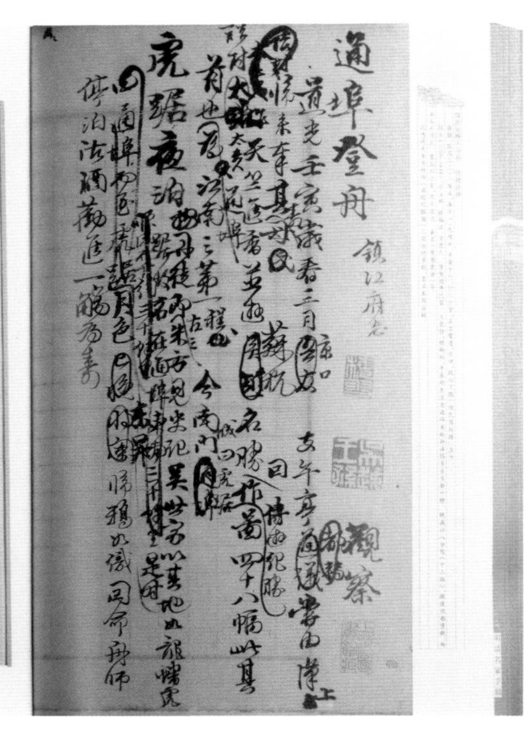

上海圖書館藏

明清名家手稿 上

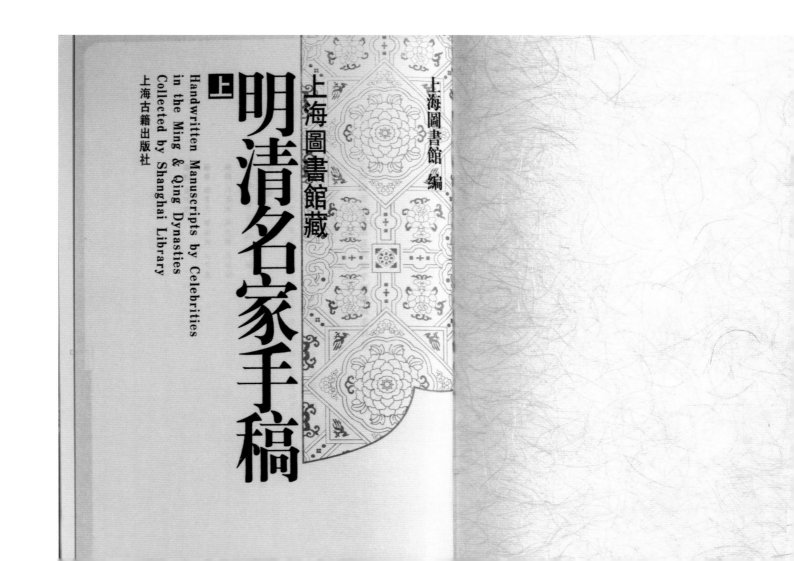

Handwritten Manuscripts by Celebrities in the Ming & Qing Dynasties Collected by Shanghai Library

上海圖書館 编

上海古籍出版社

中国出版政府奖
装帧设计奖 获奖作品集
2007–2013

装帧设计奖

2007-

The Awarded Works Collection of the Chinese
Government Award for Publishing Graphic Design Award
The First Session 2007

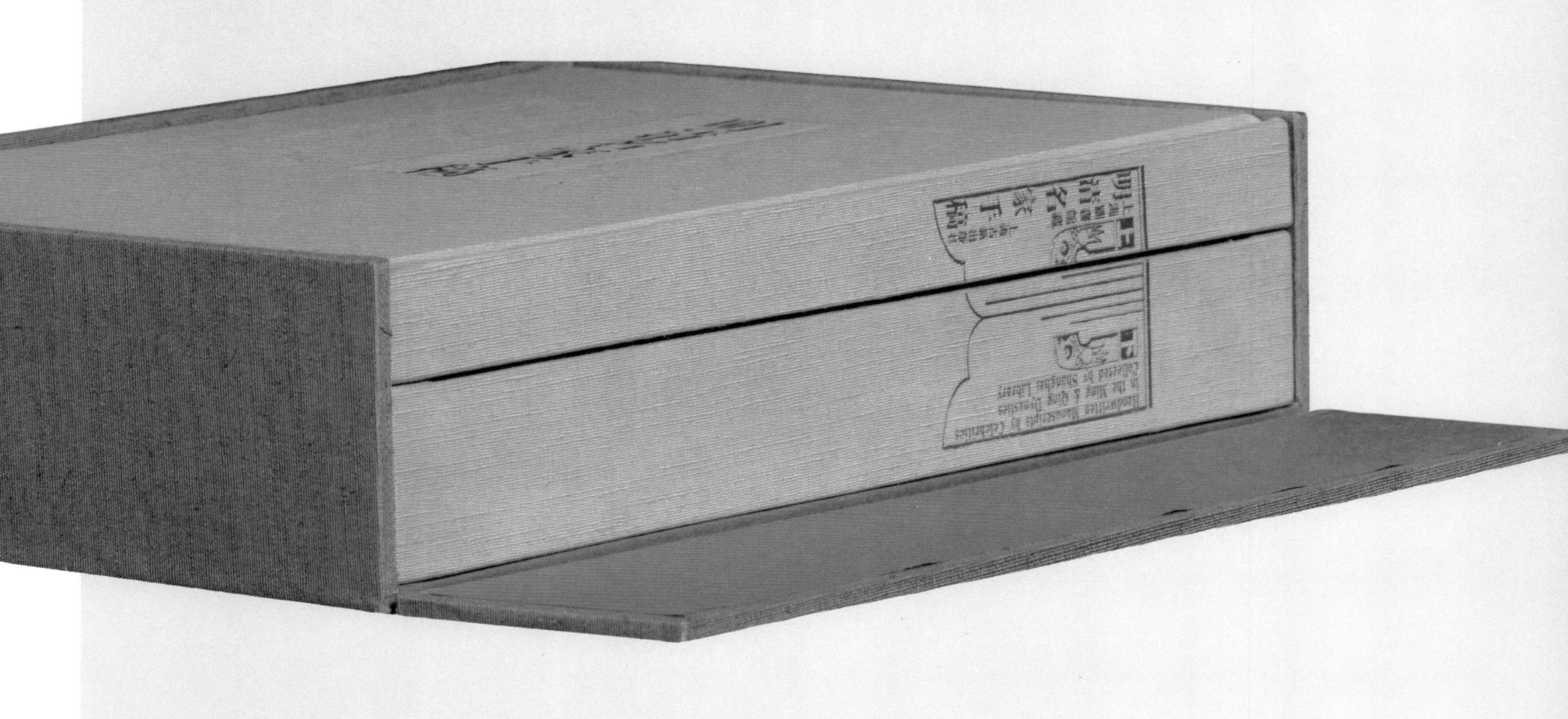

明清名家手稿
明清名家手稿

09

书名

疼痛·阻滞与解剖彩色图谱

出版

人民卫生出版社

设计

赵京津

评语

石崇俭教授集30余年的工作经验、用12年的精力与心血完成全书插图的绘制和文稿的编著工作。

全书整体色调基于古旧帆布色，书的护封选用了布纹纸印制，特别的是在护封上有四个圆形镂空，透出封面上绘制细致的局部人体解剖图。

环衬使用深红色，映衬了内容的医学氛围。

夹衬选用硫酸纸，使扉页文字在其覆盖之下若隐若现，读者在翻阅过程中可领悟医学中由表及里的探索与求知的精神。

内文排版清晰，文字条例明朗、简明扼要。

彩色图谱极为细致，利于表现人体形态学的复杂层次与毗邻关系。从设计、绘制、引线再到注字，使整本书的设计和谐统一。

中国出版政府奖
装帧设计奖 获奖作品集
2007–2013

装帧设计奖

The Awarded Works Collection of the Chinese
Government Award for Publishing, Graphic Design Award
The First Session 2007

2007-

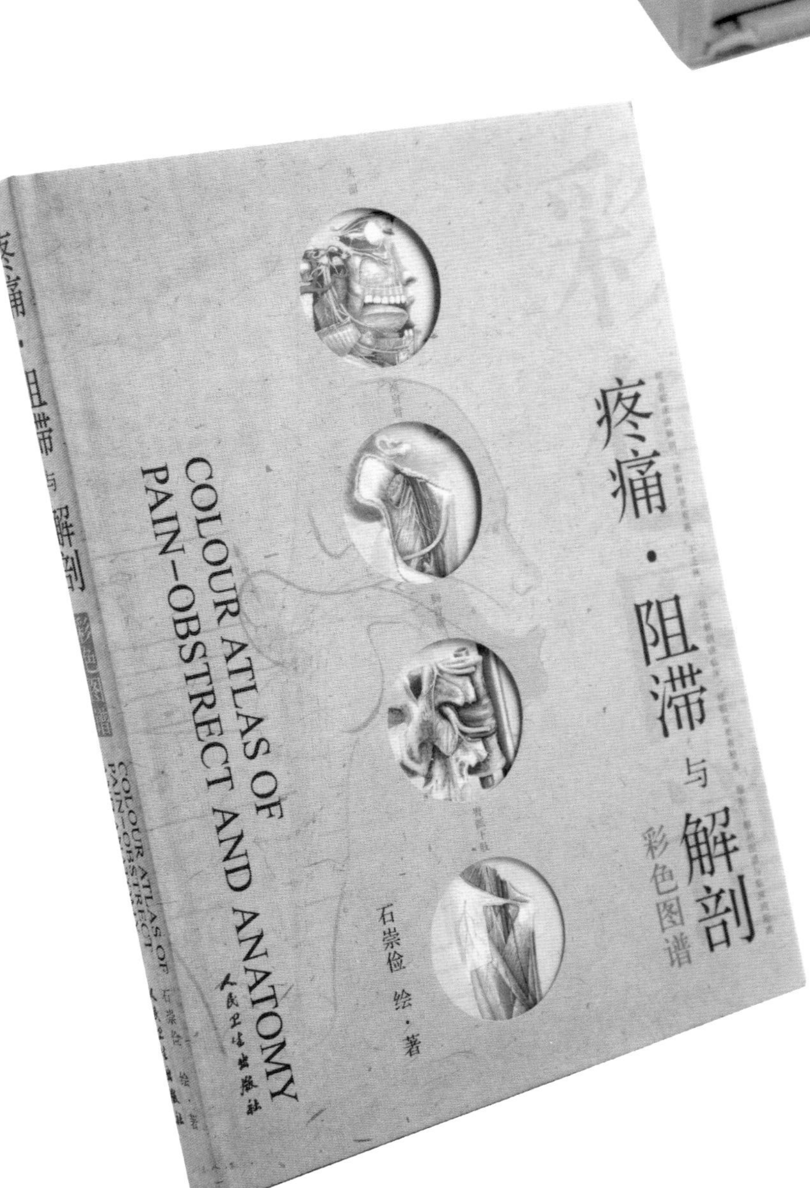

10

书名

符号与仪式
——贵州山地文明图典

出版

贵州人民出版社

设计

曹琼德　卢现艺

评语

本书不仅从文化地缘学角度对贵州少数民族文化精华进行了一次全景式扫描，而且运用社会文化人类学、人文地理学、符号学、阐释学、解构主义和解构主义诗学等的理论方法，历史辩证地对贵州山地文化进行了一次全新探索。

本书选用映衬山地文明的湖蓝色和植物绿色，封面大幅截取山地民族感浓郁的人物面部形象，生动并具有代表性。

图鉴的设计调动了民族传统的图像符号，又采用现代印装的工艺制作，图文搭配，相得益彰，不失为一部高端的书籍设计作品。

符号与仪式
Symbols And Rituals
An Illustrated Introduction To The Civilizations of the Guizhou Mountains
贵州山地文明图典
上卷
张晓松 著 卢现艺 摄影
贵州人民出版社

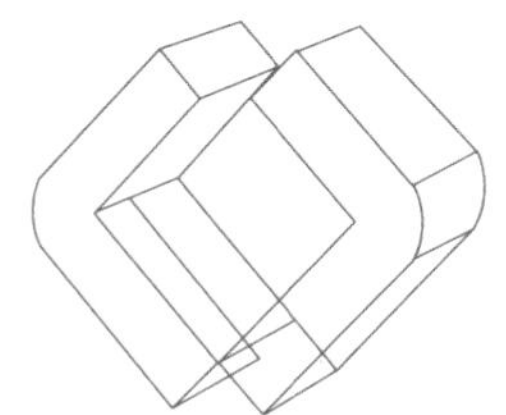

中国出版政府奖

装帧设计提名奖

2007-

书名

历史·田野丛书

出版

生活·读书·新知三联书店

设计

罗洪

评语

本丛书设计选用高基调色彩，使用高明度的红色、绿色、蓝色等来区分每本书。

封面的设计采用色块分割方法，将封面分为三个部分，上部大面积余白，中部使用不同的具象图片依次排开，形成一道腰线的感觉，书名与作者名放在下部，鲜明突出。

整部丛书设计主题明确，色彩、形象都体现了历史长河和个案研究的有机结合。

书卷气、文化味浓厚，有一种回味无穷的感觉。

装帧设计提名奖

2007-

历史·田野 丛书

隐藏的祖先

妙香国的传说和社会

连瑞枝 著

生活·讀書·新知 三联书店

02

书名

汉英对照论语

出版

高等教育出版社

设计

刘晓翔

评语

本书是儒家的经典著作之一，由孔子的弟子及其再传弟子编撰而成。它以语录体为主，叙事体为辅，记录了孔子及其弟子的言行，集中体现了孔子的政治主张、伦理思想、道德观念及教育原则等。整体设计融严谨性、实用性、美观性于一体，并突出汉英对照阅读的功能性，既富有趣味又不失庄重。书籍开本形态设计巧妙，将“汉”与“英”两部分内容设计成首尾相连的两本书，“汉”以黑地反白竖排右翻，符合中国古书籍翻阅方式；“英”为白地黑字横排左翻，符合英文正常翻阅方式。

封面裱糊亚麻布、烫印黑色标题字，简洁大方、古朴稳重，并具有现代设计感。腰封设计与封面结合巧妙，材质肌理富于质感，书卷气浓郁。内文版式简练，内容梳理有序，文理清晰，方便对照查阅。

论语
汉英对照论语
许渊冲 译
高等教育出版社

装帧设计提名奖

The Awarded Works Collection of the Chinese Government Award for Publishing, Graphic Design Award
The First Session 2007

2007-

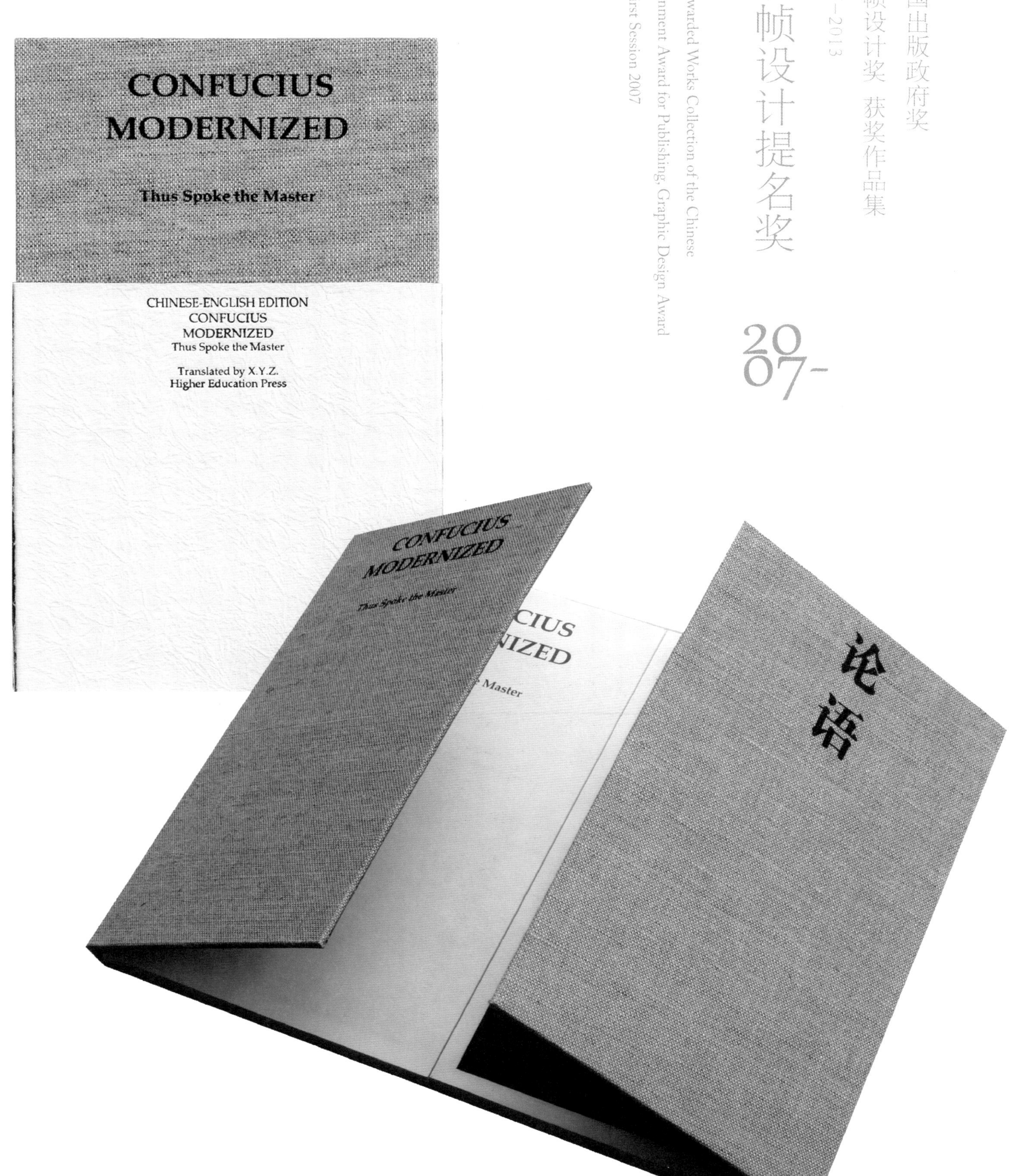

CONFUCIUS
MODERNIZED

Thus Spoke the Master

CHAPTER IX

9.1. The Master seldom talked about what was profit or fate or benevolence.

9.2. A villager from Daxiang said, "Great is Confucius! He possesses wide general knowledge but no special knowledge to make a name." Hearing of this, the Master said to his disciples, "What shall I specialize in? In chariot-driving or in archery? I should like to drive a chariot."

9.3. The linen cap, said the Master, is prescribed by the rules of ceremony, but now a silk one is worn. It is economical, and I follow the common practice. Bowing below the hall is prescribed by the rules, but now the common practice is bowing after ascending the hall. It is presumptuous, so I still bow below the hall against the general practice.

9.4. The Master was entirely free from four things, namely, supposition, predetermination, obstination and self-assertion.

9.5. When detained at Kuang, the Master said, "After the death of King Wen, I am entrusted with keeping culture from perishing. If Heaven would destroy culture, how could those who die after King Wen know what culture is. If Heaven would not destroy it, what harm could the people of Kuang do to me?"

30

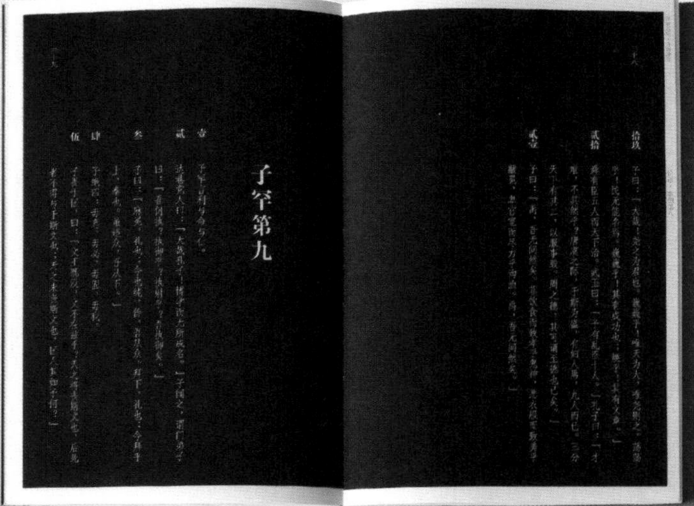

装帧设计提名奖

2007-

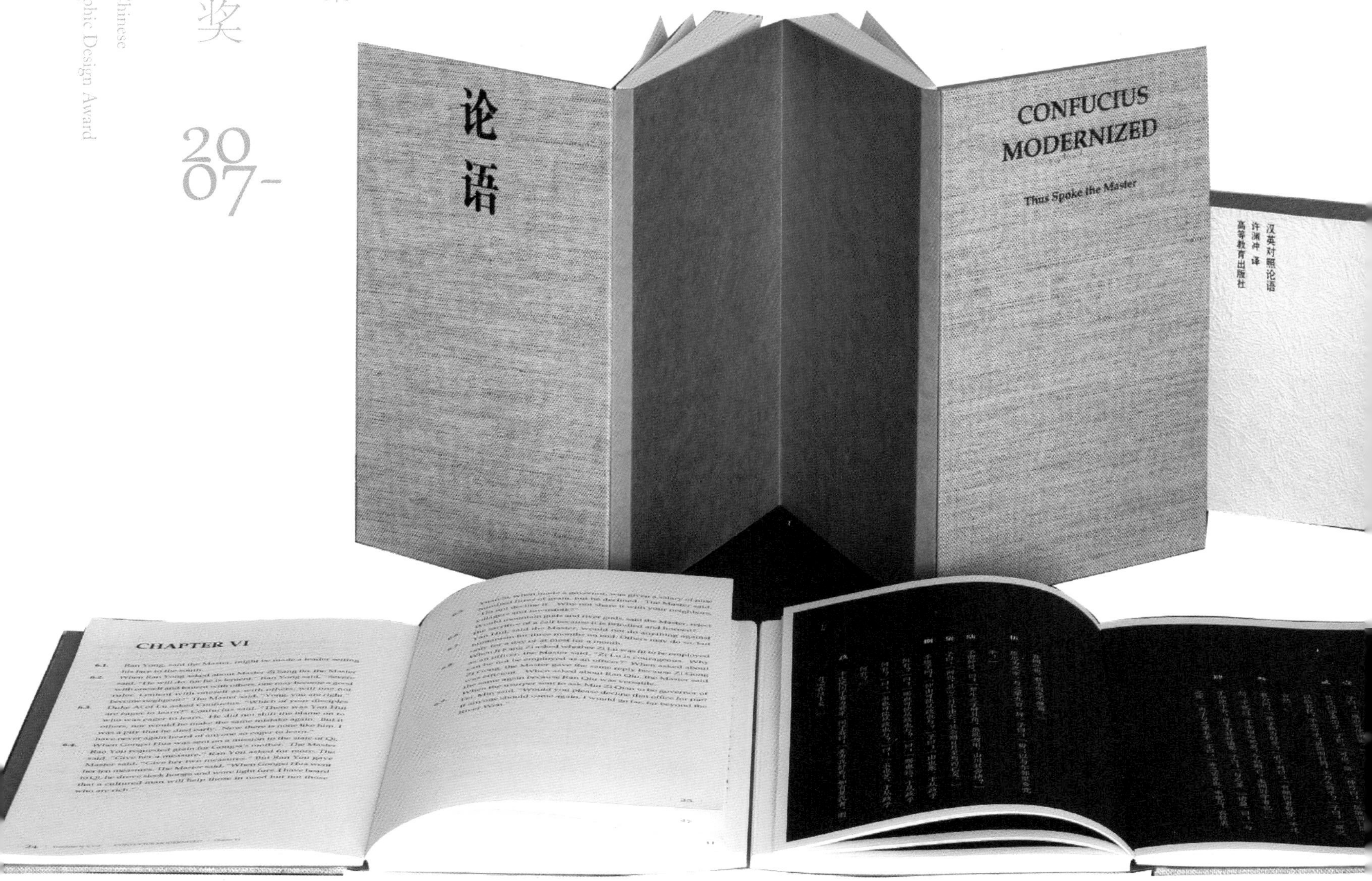

03

书名

看不见的长城

出版

外文出版社

设计

北京视新中天广告公司

评语

不管你去过多少次长城，你可能从来没有见过这样的长城。著名的风景摄影家李少白集合了惊人的彩色图像，让我们看到不一样的长城景观。

书籍装帧采用上、下两部分函套分别插入内书的形式。函套设计以及切割形式均为长城墙壁的形态，视觉冲击力极强，让读者感受到长城带来的震撼。内封上由近及远的长城轮廓线条，也是设计师想表达“从看见到看不见”的概念。内页的长城景观照片均为大篇幅出血跨页表达，旨在烘托长城恢宏壮观、气势磅礴的景象。

装帧设计提名奖

2007-

装帧设计提名奖

2007-

看不見的
長城
The Unseen
Great
Wall
Preface

04

书名

老兵大家丛书

出版

解放军出版社

设计

张禹宾

评语

这是一套军旅老作家的大型丛书。他们将风华正茂的青春献身军营，用他们的文笔从各个角度讴歌、赞颂了身边可爱的官兵，讲述了部队军人的训练、生活及英勇作战的感人故事。

本丛书以白色为主基调，没有施以华丽的色彩。整个封面就是以黑白构成来营造整体画面效果，仅在每卷书的书名上用不同的色彩加以区别。简约、质朴、大气，富有岁月的沧桑感。大片的留白，给人以无限的想象空间。

细宋体书名透露出一股文卷书香，别有韵味。硕大的“老兵大家丛书”几个大字，置于封面的顶端，采用击凸工艺，既丰富了画面语言，又不抢主题，具有很好的装饰效果，与整体设计相得益彰，清新雅致。后封选用作家们青年时期的戎装照，向人们展示了过去与现在，寓意似水流年、军旅生涯、难忘的岁月。

整套书在设计理念上独具匠心，设计与主题内涵完美结合，颇为精彩，耐人寻味。

中国出版政府奖
装帧设计奖 获奖作品集
2007–2013

装帧设计提名奖

The Awarded Works Collection of the Chinese
Government Award for Publishing, Graphic Design Award
The First Session 2007

2007-

装帧设计提名奖

2007-

青春无悔

主编 陈先义 柳萌

国家的投影

GUOJIADETOUYING

蒋子龙/著

解放军出版社

难忘军旅

火似的激情

主编 陈先义 柳萌

昨夜星辰

ZUOYEXINGCHEN 李国文/著

绿魂

柳萌/著

05

书名

曹雪芹风筝艺术

出版

北京工艺美术出版社

设计

赵健工作室

评语

本书做到了设计形式与内容的统一，文字与图像之间的和谐。整体的感觉是立体、灵动，有文化内涵。

本书要表现的是一种中国传统的民间艺术，所以在整体设计上也要体现中国所特有的文化气质。本书的设计多运用传统设计手法：装帧形式采用线装书的装订方式，显得古朴、典雅而又富于历史感；字体选用人们最熟悉的中文楷体；封面色彩是中国传统线装书的蓝色，外表非常朴素；书内文字、书写格式、参考古文，选择用虚线来装饰，表现出风筝放飞的感觉，又与书脊处的装订线相呼应，其中穿插了不同角度的风筝图片，经过精心的排版；封面选用具有肌理效果的特殊纸张，运用深蓝的色彩，很好地体现了本书的内涵，使之具有古朴、深遂之感。

这本书设计理念的新颖、独特，以及整体性凝聚在厚重的中国传统文化中的古典艺术美之中，既融合中国传统，同时又富含现代视觉元素。

中国出版政府奖

装帧设计奖 获奖作品集

2007–2013

装帧设计提名奖

The Awarded Works Collection of the Chinese
Government Award for Publishing, Graphic Design Award
The First Session 2007

2007-

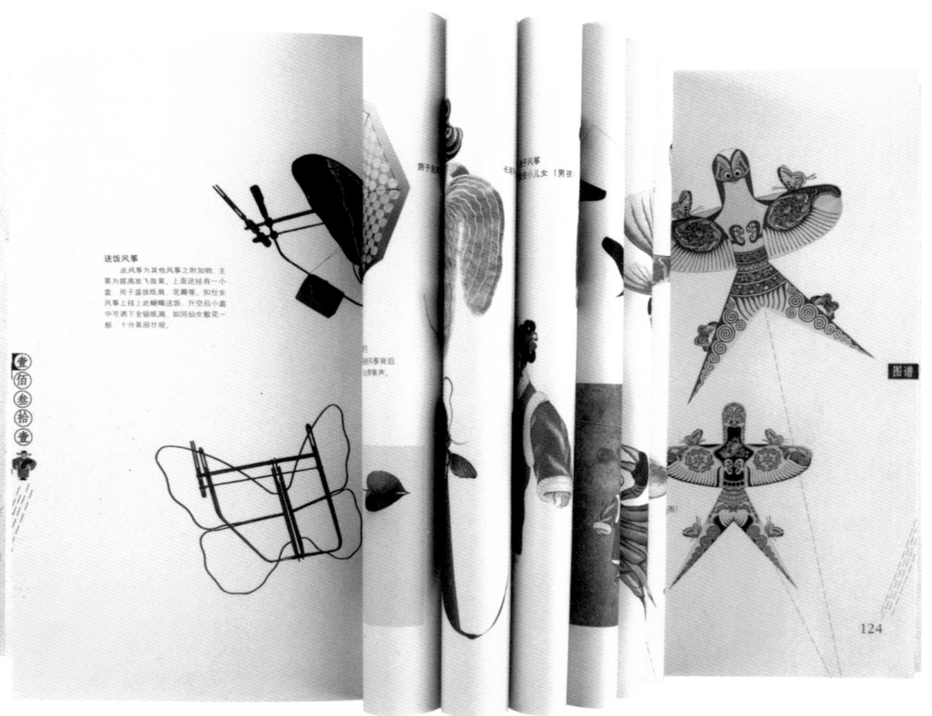
送饭风筝
此风筝为其他风筝之附加物，主要为提高放飞效果。上面还挂有一小盒，用于盛放纸屑、花瓣等。如仕女风筝上挂上此蝴蝶送饭，升空后小盒中可洒下金银纸屑，如同仙女散花一般，十分美丽壮观。
图谱
124

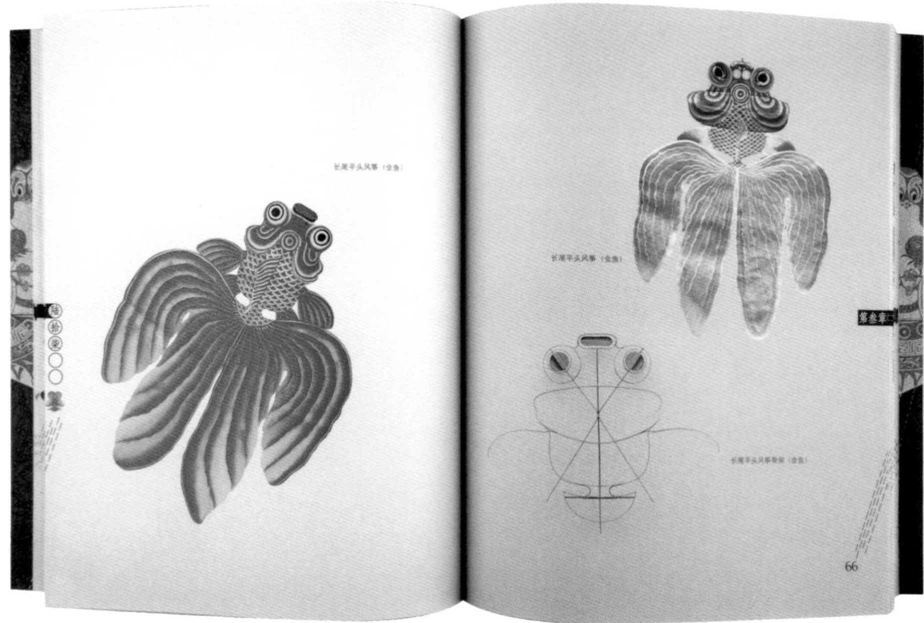
长尾平头风筝（金鱼）
长尾平头风筝（金鱼）
长尾平头风筝骨架（金鱼）
66

06

书名

张伯英碑帖论稿

出版

河北教育出版社

设计

王梓　郑子杰

评语

此套书籍共分三卷，其中一、二卷为张伯英先生多年来临写的手迹，第三卷为释文卷。

书籍的整体设计定位于中国传统文化书籍形态的基础上并嫁接当代的创意设计语言。

函套在传统的形态上稍作变化，函套一采用阶梯式刀版处理，巧妙地释放出函套二，在释放的合理空间中布局文字，一明一暗，层次丰富。内封选用米驼色纸张，与函套深色帆布材质形成鲜明的视觉对比，加之封面的起凸印刷工艺与本书的碑帖属性吻合，浑然一体，极富书香气韵。

中国出版政府奖
装帧设计奖 获奖作品集
2007–2013

装帧设计提名奖

The Awarded Works Collection of the Chinese
Government Award for Publishing, Graphic Design Award
The First Session 2007

2007-

中国出版政府奖 装帧设计奖 获奖作品集

2007–2013

装帧设计提名奖

The Awarded Works Collection of the Chinese Government Award for Publishing, Graphic Design Award

The First Session 2007

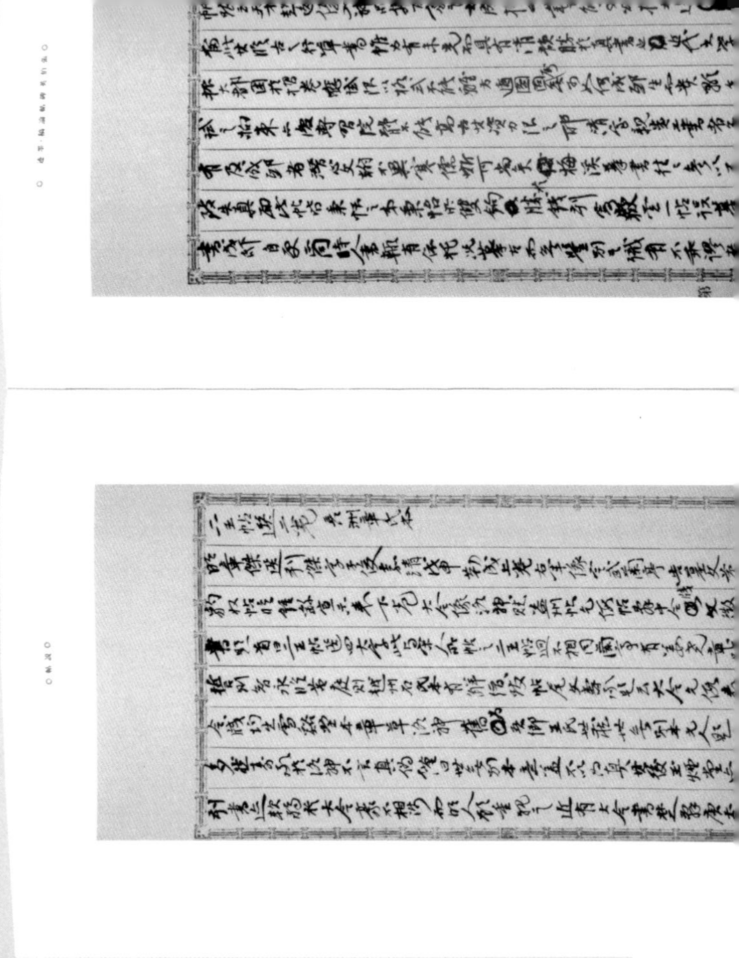

2007-

〇墨迹二目次〇

墨迹二目次

閱帖雜詠

碑帖題跋

右軍書範 校記本

273

272

法帖提要（釋者按：《法帖提要》內含《叢帖》全部內容，故未重釋）

衡山楷則四卷 無錫秦氏本

明文徵明書，吳白樓傳，吳白樓墓誌，秦子白墓誌，毛礪庵墓誌，皆明搨精本，有無錫秦氏印記，蓋其所集，獨未具名耳。白樓誌傳均吳鼒刻，秦誌沈恒刻，毛誌溫厚刻，悉吳中名刻手也。白樓名一鵬，字南夫，長洲人，官太子太保吏部尚書，其傳方鵬所作，誌則徵明作也。子白名采，無錫人，官廣安州州判，其墓華雲爲作墓誌。礪庵名珵，字貞甫，吳縣人，官督察院右副都御史，方鵬撰墓誌。毛誌衡山六十七歲書，白樓傳誌七十一歲書，秦誌八十九歲，中間相去廿餘年，以秦誌之書最工，瀟灑溫潤，他書所弗能及。書畫之事與年俱進，文氏八旬以後猶能蠅頭細楷，香光謂其得最起書了文，迺乃治事，用力之深如是，宜其工妙超群也。明代書家東吳爲盛，即刻石之技亦非他處可望，吳鼒、沈恒、溫厚皆累代相傳，擅長鐵筆，鈎摹細楷，尤非庸工可新辦。白樓傳誌字僅一分許，逾數千言，書刻無一字失度。翁覃溪謂文氏小楷，吳人人誌最難得，即此白樓傳誌，世所傳亦僅矣。

雙松館帖一卷 吳縣宋氏本

明文徵明書《封建論》。自題曰：「余昔歲爲世程書原道，自念髦衰多病，不知明歲尚能小楷否，或笑八十老翁日暮人耳，何可歲年期耶。不意今復書此，然比東風凝文攻，臂梢拘窘，不復向時便利矣。乙卯八月七日。」按：乙卯衡山年八十六，此書與出師表大小相等，彼爲八十二歲書，前此四年，精妙尚不逮此書，與年進信矣。世傳衡山小楷多僞迹，凡尖鋒入紙側媚取態者，皆俗子所仿為，似此筆筆工整，絕無滯相，由涵濡於古者深，無絲毫庸俗兒其筆端，雖細若蠅頭，俯仰揖讓，無異大書，淺人無從摹擬也。刻者吳鼒，字周生，曾爲顧汝和刻玉泓館閣帖，衡山晚年小字多其手摹，鼒子應祈、孫士端，爲邢子愿重摹十七帖、澄清堂帖，子愿書中所稱吳孟元即士端也。一藝之微，目有所傳授不能造精深之域，吳氏累世均精此事，故所刻能造微妙，異乎滷莽從事者。出師表亦吳刻，今日得搨本者，與墨迹同重矣。

李書樓正字帖七卷 揚州李氏本

书名

华夏之根——山西历史文化的三大特色

出版

山西教育出版社

设计

王春声

评语

山西历史文化脉络清晰，框架完整；山西文明进程从未间断，影响深远。山西历史文化的完整性、先进性、包容性以及艺术性，对中国民族精神品格、风俗习惯的形成起到了重要作用，对中华民族的历史产生了巨大的辐射力、渗透力、影响力和推动力。山西为华夏文明的生成与发展做出了重大而特殊的贡献。

本书整体设计素朴、典雅，紧扣主题，极好地诠释了山西文化的特色，充满浓郁的中国传统风韵。

书籍构架采用侧插式装帧手法；函套采用布纹裱糊的手法，传达出历史沧桑感。书籍的封面选用特种纸张印刷，右侧书名采用击凸印刷工艺处理，体量感强，突出主题。版式设计以竖排文字的手法凸显古代书籍的韵味。扉页选择带有飘金材质的特种纸张，使书籍内外兼具传统古韵之美。

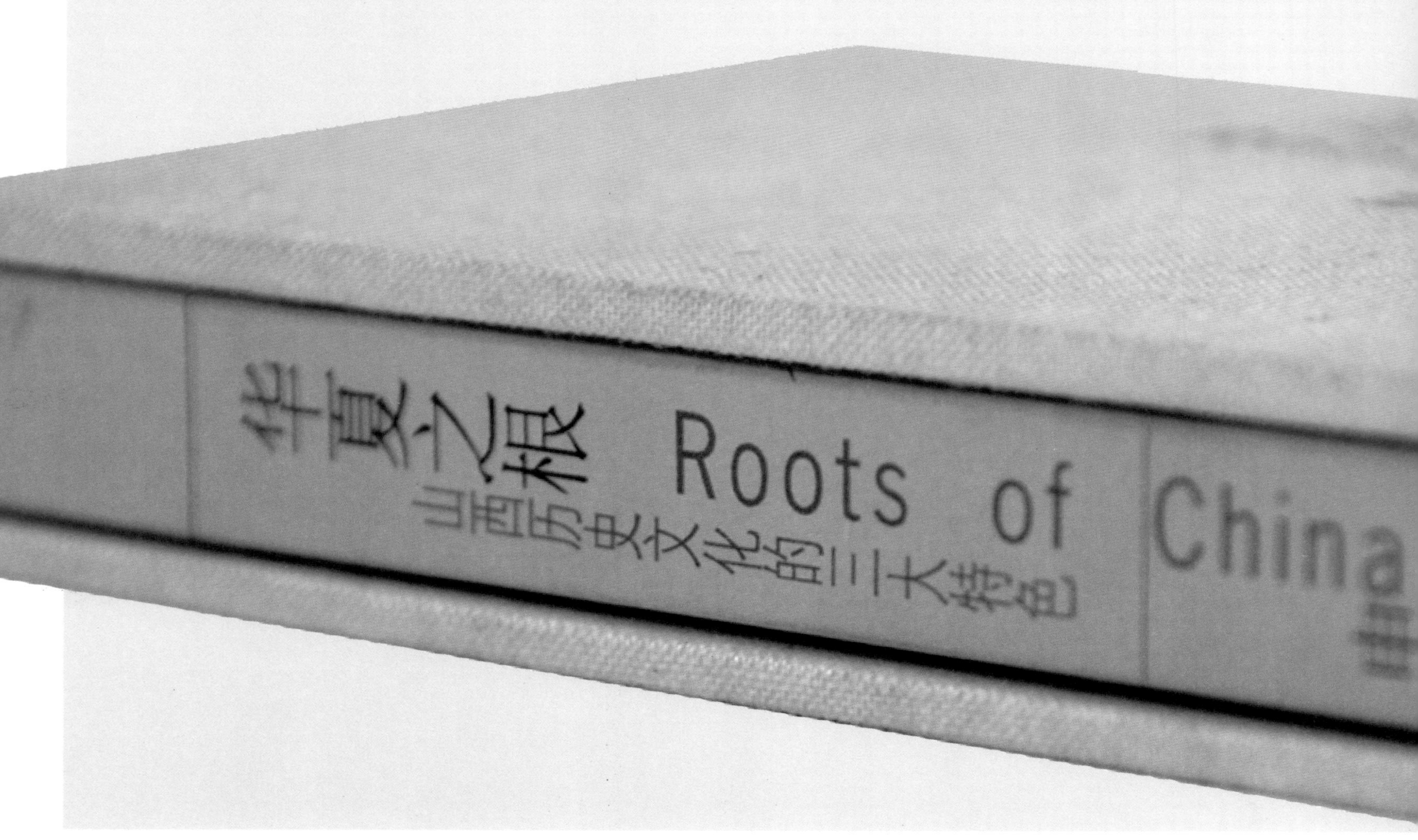

装帧设计提名奖

2007-

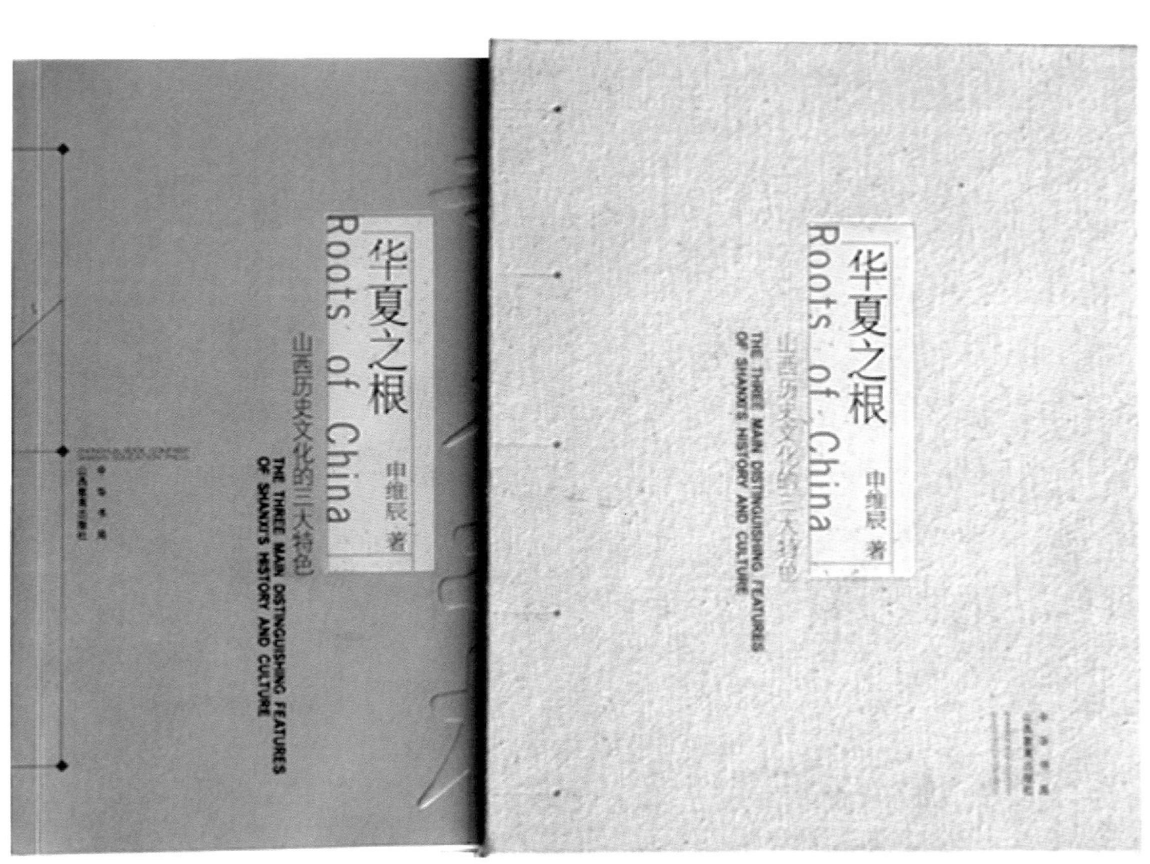

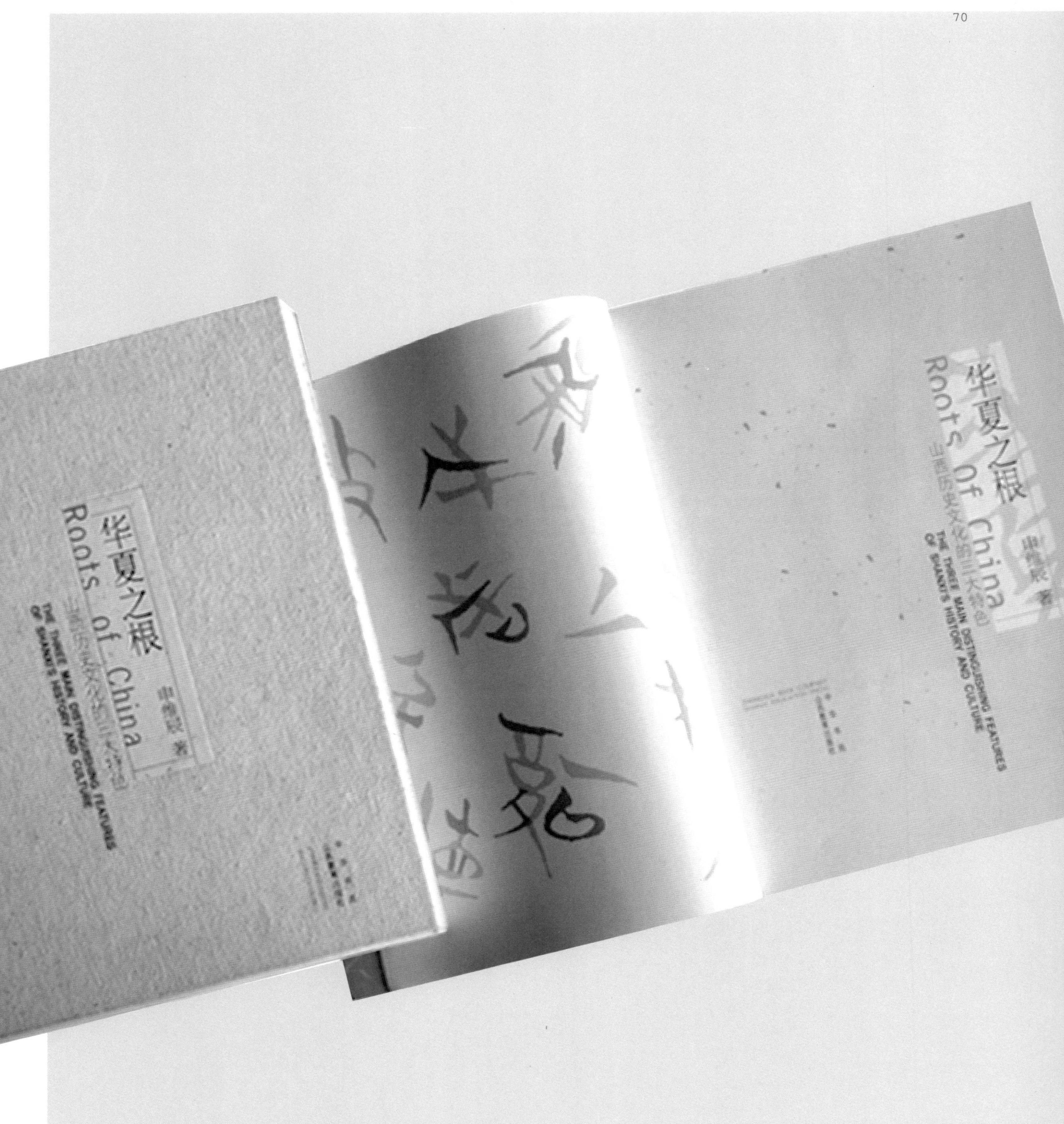
华夏之根
Roots of China
山西历史文化的三大特色
THE THREE MAIN DISTINGUISHING FEATURES
OF SHANXI'S HISTORY AND CULTURE

装帧设计提名奖

2007-

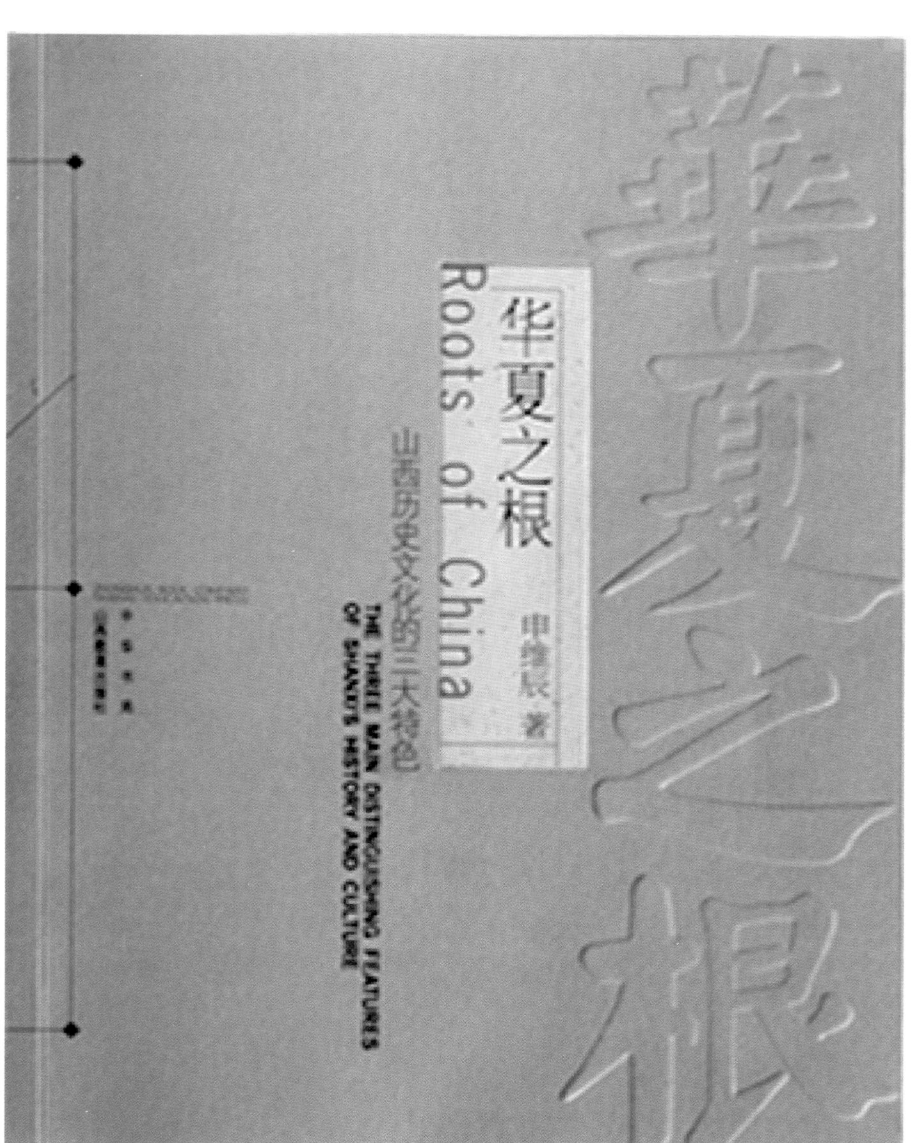

08

书名

法国诗选

出版

复旦大学出版社

设计

马晓霞

评语

这本诗选是国内编选翻译的第一部大型法国诗选。它全面收入法国文学史上公认的著名诗人与他们的代表作品，共收入诗人 134 名，作品多达 388 首。

本书整体设计清新优雅，凸显法国浪漫气质。

封面的手绘玫瑰图案彰显了法兰西古典诗歌的独特气韵，复古的淡黄色作为主色调与特种纸所呈现出的纹理以及内文的柔美雅致相呼应。

本书内容是按照时间顺序排序，文图编排井然有序。环衬的深蓝色与内文部分文字图片的湖蓝色相得益彰，细节充分体现出书籍整体风格的精致典雅。

装帧设计提名奖

2007-

法国诗选

Anthologie de la Poésie Française

程曾厚 译

09

书名

热河生物群（英文版）

出版

上海科学技术出版社

设计

戚永昌

评语

本书介绍了热河生物群的研究简史，汇集了地层与时代学、古无脊椎动物学、古脊椎动物学和古植物学等各领域最新的研究动态和成果，首次以图文并茂的形式将热河生物群展现在读者面前。

封面以青灰色化石作底色，主角中华龙鸟跃然纸上，令读者仿佛置身久远时空，探寻历史长河中的生命奇迹。

内页插图生动逼真，富有质感的图片处理，沉静神秘，引导读者一页页地翻开书卷，就像一层层地揭开地层下一亿多年前的生命奥秘，仿佛具有穿越时空的神奇力量。

THE JEHOL BIOTA
The Emergence of Feathered Dinosaurs, Beaked Birds and Flowering Plants
Editor-in-chief: Mee-mann Chang
Co-editors: Pei-ji Chen
Yuan-qing Wang
Yuan Wang
English editor: De-sui Miao
Shanghai Scientific & Technical Publishers
THE JEHOL BIOTA

装帧设计提名奖

2007-

The Emergence of Feathered Dinosaurs, Beaked Birds and Flowering Plants
Editor-in-chief: Mee-mann Chang
Co-editors: Peiji Chen
Yuan-qing Wang
Yuan Wang
English editor: Do-sui Miao
Shanghai Scientific & Technical Publishers

装帧设计提名奖

The Awarded Works Collection of the Chinese
Government Award for Publishing, Graphic Design Award
The First Session 2007

2007-

图75 狼鳍鱼（*Lycoptera*）是辽西最常见的脊椎动物化石，为热河生物群的主要成员，只分布于东亚地区，是我国发现的最早的真骨鱼类。标本长约12厘米。

狼鳍鱼和吉南鱼属于骨舌鱼超目（**Osteoglossomorpha**）。骨舌鱼类是原始的真骨鱼类，其独特之处在于化石属多于现生属，而真骨鱼的绝大多数类群中现生属远超过化石属。骨舌鱼类为淡水鱼，现生骨舌鱼类除舌齿鱼外，均分布于南大陆，而化石材料几乎在各大陆都有发现。淡水鱼类的这种跨洋分布，对于研究各大陆的发展历史具有重要的意义。骨舌鱼（***Osteoglossum***）和巨骨舌鱼（***Arapaima***）是著名的观赏鱼类，产于亚马孙河流域。骨舌鱼因具有粗壮的骨质舌骨而得名。干的舌骨是当地市场上的交易品，可用来剥落植物的种子，而巨骨舌鱼的大鳞片被当地印第安人当作珠宝加以收藏或出售。骨舌鱼和巨骨舌鱼都是凶猛的肉食性鱼类，常在表层水中游弋，不时吞咽空气，捕食小鱼，甚至可以整个跃出水面捕食接近水面的小鸟。巨骨舌鱼还可能是最大的淡水鱼类，体长可达3米，体重超过250公斤。产于东南亚的巩鱼（***Scleropages***）是最名贵的骨舌鱼类，由于其嘴上有两条胡须，加之闪光发亮的大鳞片及其古老的历史，被称为“龙鱼”，认为可以旺家镇宅避邪。其中红龙鱼生活范围很小，主要生长在印尼的苏门答腊和加里曼丹一带的河流中，濒临绝种，已被华盛顿公约列为甲级保护动物。红龙鱼的寿命

图76 狼鳍鱼化石多呈密集保存，产自辽宁凌源大新房子义县组。

10

书名

洛丽塔

出版

上海译文出版社

设计

陆智昌

评语

本书是纳博科夫最著名也是最有争议的小说杰作，是精神心理研究的一本经典之作。作为一部艺术作品，它超越了赎罪的各个方面；而在读者看来，比科学意义和文学价值更为重要的，就是这部书对世俗道德认知的挑战。

封面以翠绿、酒红、银白三色雕版烫印，神秘而性感，调皮的基调与作家游戏、轻松的写作手法交相辉映。护封正中几近最大比例的作家手写签名搭配插入水瓶中的花朵，暗喻小说主人公的稚嫩鲜活。正文的版式简洁大方，恰到好处的留白设计，于简洁中透露设计者缜密用心的思量。

装帧设计提名奖

2007-

11

书名

鲁迅与社戏

出版

江西人民出版社

设计

揭同元　章雷

评语

本书是研究鲁迅与《社戏》及绍兴地方文化的集成之作，收入鲁迅原著 8 篇，研究论文及资料 21 篇，绍剧文艺工作者心得 14 篇，剧本 4 个，另附有 100 余幅珍贵图片，以纪念中国伟大的文学家、思想家、革命家鲁迅先生逝世 70 周年。

本书以古朴、大方的普通胶装形式呈现，护封以泥砖色为主，正面中间部分用版画风格呈现了人们在绍兴水乡观看社戏的景象，在书脊和封底都有版画风格插图出现，与封面相呼应。在书的内文版式上，设计者采取传统的排版形式，使形式与内容统一，雅致而有特色。

中国出版政府奖

装帧设计奖 获奖作品集

2007–2013

装帧设计提名奖

The Awarded Works Collection of the Chinese Government Award for Publishing, Graphic Design Award

The First Session 2007

2007-

12

书名

福禄寿喜图辑

出版

山东美术出版社

设计

王承利　宋晓军　李燕

评语

本书收录了中国历代有关“福禄寿喜”的图案，丰富多彩，难以尽数。

在整体设计上为凸显民间文化氛围，多运用传统形式，以烘托主旨。装帧形式采用包背装，翻阅方式自左而右，充分体现了浓厚古朴的民间特色。

封面以古旧色调为基准，采用牛皮纸，使原本花哨的民间颜色无比和谐统一；斜切的红色块与标题字巧妙结合，设计删繁就简，突出主题。切口以五种颜色诠释，呈现多彩变化，增强书籍翻阅检索的实用性。扉页设计极具特色，宋体文字间的穿插构成以及内文中剪纸、版画、刺绣等民间特色图案的编排，均营造了浓郁的传统文化氛围。

福禄寿喜合
第肆零捌页至第伍零陆页
第玖拾陆页至第壹玖玖页
寿
叁
寿
第一九九页
第二〇〇页
福禄寿喜
福禄寿喜图辑
山东美术出版社
唐家路／编著
图书在版编目（CIP）数据
福禄寿喜图辑／唐家路编著．—济南：山东美术出版社，2004.1
ISBN 7-5330-1596-7
Ⅰ.福…　Ⅱ.唐…　Ⅲ.图案－中国－图辑
Ⅳ.J522
中国版本图书馆CIP数据核字（2002）第005961号
出　　版：山东美术出版社
济南市胜利大街39号（邮编：250001）
发　　行：山东美术出版社发行部
济南市顺河商业街1号楼（邮编：250001）
制版印刷：山东新华印刷厂
开　　本：787×1092毫米　16开　印张32.25
版　　次：2004年1月第1版　2004年1月第1次印刷
定　　价：198.00元

13

书名

京剧大师尚小云

出版

陕西人民出版社

设计

侣哲峰　孙恩戈　崔凯　李向晨

评语

一代京剧大师尚小云先生不仅以其炉火纯青的精湛技艺、独树一帜的艺术风格令观众折服，更由于他刚正不阿的鲜明个性、一丝不苟的治学态度、艺德双馨的人格魅力而得到同行和观众的景仰与垂范。

本书是首部全面记述京剧表演艺术大师尚小云生平、艺术的图书。书中收集了 700 多张照片，其中相当一部分资料属首次公开。书籍整体设计立意鲜明，京剧意味浓厚，人物特征把握准确。函盒烫金压凹工艺精美，形态设计巧妙，与书籍封面并置京剧人物图形，含蓄雅致。章节页将人物外形做剪裁处理，使人物造型立体生动，栩栩如生。

京劇
大師
尚小雲
陕西人民出版社
SHAANXI PEOPLE'S PUBLISHING HOUSE

书名

格林童话全集

出版

湖南少年儿童出版社

设计

吴颖辉

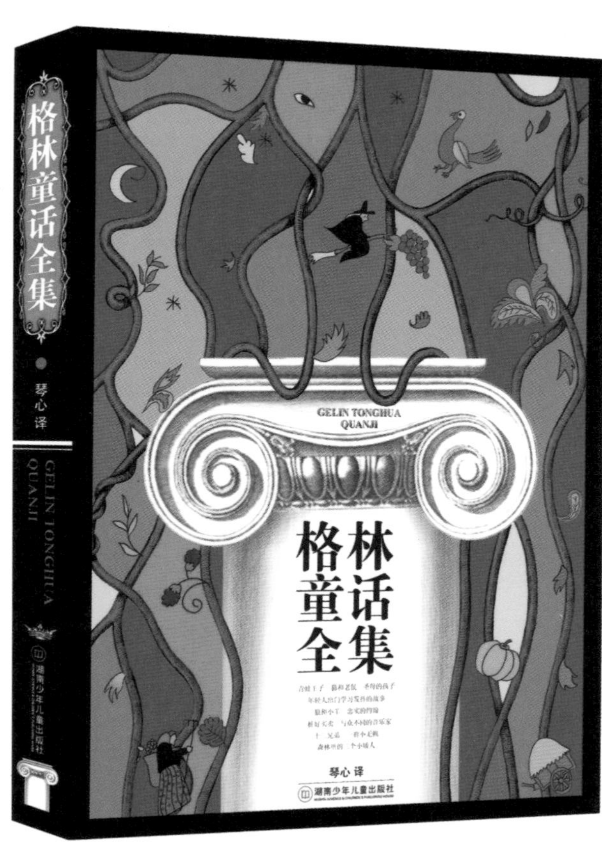

评语

本书带有浓厚的地域特色、民族特色，富于趣味性和娱乐性，对培养儿童养成真、善、美的良好品质有积极意义。

书籍封面设计选定带有童趣的视觉符号点缀于七彩的树枝间，随意而反复，与黑白柱头符号形成鲜明对比。版式设计轻松活泼、幽雅精致。

格林童话全集
琴心 译
GELIN TONGHUA QUANJI
湖南少年儿童出版社
GELIN TONGHUA
QUANJI
格林童话全集
琴心 译
湖南少年儿童出版社

15

书名

中国物理学史

出版

广西教育出版社

设计

刘相文

评语

本书综合近年的有关研究成果，循着西方物理学在我国引入、传播、发展的过程而展开叙述。

书籍整体设计遵循了物理学的理性与冷静的准则，使用沉稳的灰色作为整体设计基调。封面设计根据中国古代卷、近现代卷图书内容，以黑白线描插图为主线，以古朴淡雅的线描插图体现其史学属性。而在书名文字的设计上则使用手书体和黑体交融排列，线描插图与书名集中置于封面右侧，大面积的余白将主体烘托出来，线条的粗细变化以及图的疏密对比使简约的设计层次分明。

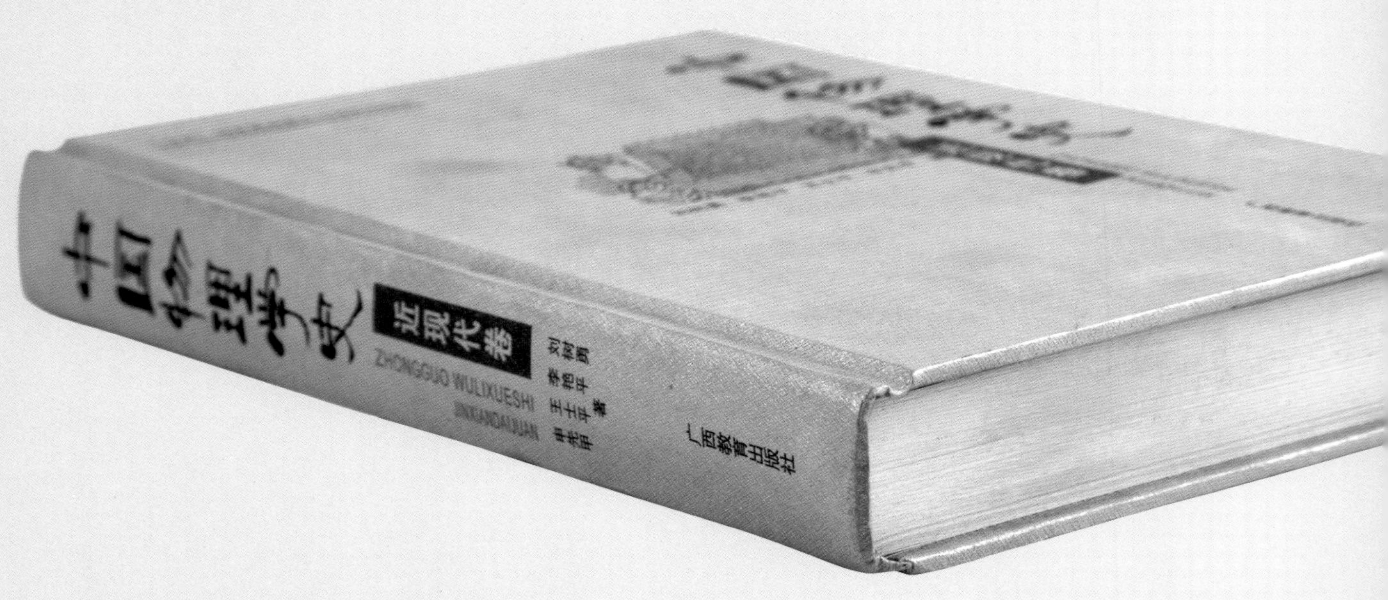

中国物理学史
近现代卷
ZHONGGUO WULIXUESHI
广西教育出版社

中国出版政府奖
装帧设计奖 获奖作品集
2007–2013

装帧设计提名奖

The Awarded Works Collection of the Chinese
Government Award for Publishing, Graphic Design Award
The First Session 2007

2007-

16

书名

21 世纪首届中国黑白木刻展览作品集

出版

西南师范大学出版社

设计

戴政生　袁宙飞

评语

2006 年，为纪念鲁迅先生逝世 70 周年，在北京中国美术馆举办了 21 世纪首届中国黑白木刻展，同期推出 8 开本大型作品集。

黑白木刻艺术有着其他造型艺术不可替代的独特本质和魅力。书籍整体编辑设计的理念贯穿于内容与形式之中，将木刻特征与整本书设计紧密结合，体现了丰饶深厚的木刻特性。封面标题字采用击凸工艺，字形及肌理充分运用木刻版画手法，力图从触觉、视觉上再现木刻独有的神韵。扉页将文字“黑白”进行镂空处理，层次丰富，变化多样。内文以一图一说、图文相映的形式将作品及文字信息梳理清晰，读者可充分感受作品所带来的视觉冲击和震撼。

中国出版政府奖
装帧设计奖 获奖作品集
2007–2013

装帧设计提名奖

The Awarded Works Collection of the Chinese
Government Award for Publishing, Graphic Design Award
The First Session 2007

2007-

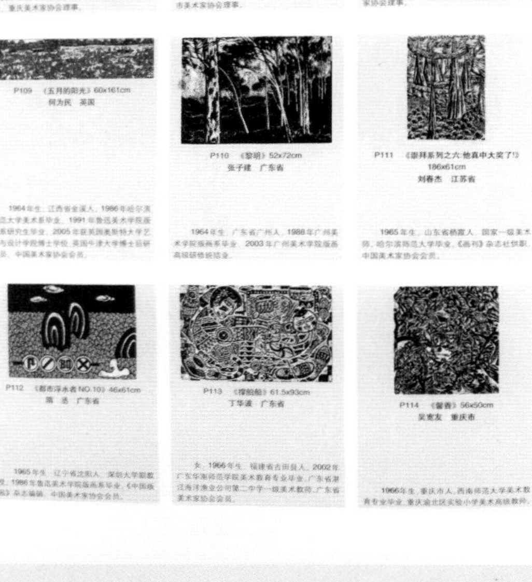

P106 《马勒之歌》88x118cm
黄作林 重庆市

P107 《存在中的冥》之二 43x38cm
王玉亭 辽宁省

P108 《盛情科尔沁》116x79cm
安玉民 内蒙古自治区

P109 《五月的阳光》60x161cm
何为民 英国

P110 《黎明》52x72cm
张子建 广东省

P111 《崇拜系列之六·他真中大奖了!》186x61cm
刘春杰 江苏省

P112 《都市浮水者NO.10》46x61cm
陈 丞 广东省

P113 《撑船船》61.5x93cm
丁华凌 广东省

P114 《留香》56x50cm
吴宪友 重庆市

P115 《王仲先生在出租车中的冷眼》61x92cm
李 伟 北京市

P116 《极乐闲居、长跪和乐》35x35cm
梁长胜 北京市

P117 圆系列《打虎虎》40x66cm
王 忠 山西省

P118 《女人树》56x42cm
李东霞 北京市

P119 《东风》96x94cm
陈鸿鸿 广东省

P120 《寂静的港湾》61x81cm
黄 江 广东省

P121 《过河》70x91cm
宝 军 内蒙古自治区

P122 《丹青不知老将至——纪念叶浅予先生》80x61cm
徐备荣 浙江省

P123 《飞花》260x80cm
刘 平 重庆市

2007-

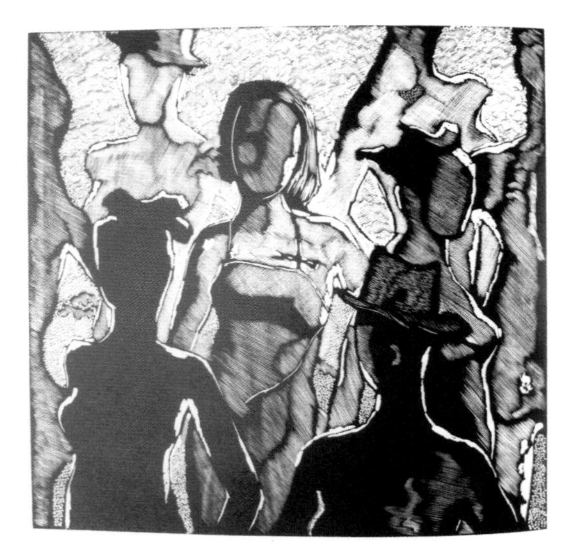

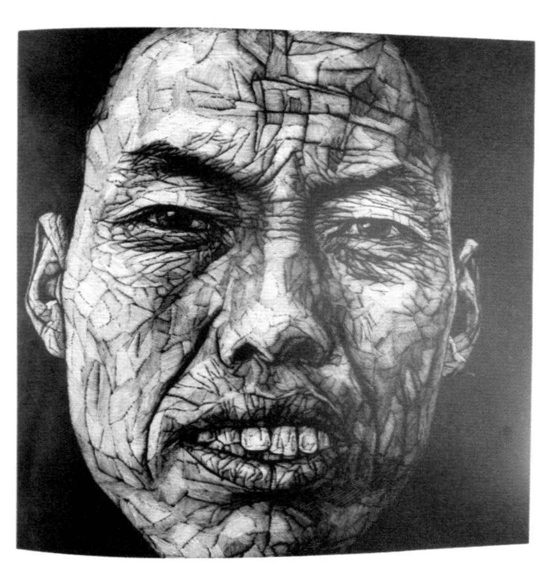

17

书名

见证历史的巨变——云南少数民族社会发展纪实（历史篇 · 19 世纪末期～ 20 世纪中期）

出版

云南美术出版社

设计

徐芸　张文璞

评语

这部书是云南乃至全国首部系统、翔实地介绍云南各少数民族自 19 世纪末期至 20 世纪中期（50—60 年代），尤其是新中国成立初期社会发展状态的书籍。

本套书分为四册，社会发展卷、生产劳作卷、生活习俗卷、文化艺术卷。书籍函套设计很有特点，以黑白为基调，使用了对开式的形式，将四册分为两个部分，每个部分都分别包裹在函套打开后分布在两侧的方盒当中。每册封面都使用反金色特种纸印刷黑色图案及文字，与封套黑白基调相得益彰。册子扉页使用橙黄色特种纸印制，在内文的设计中，多以图片为主，大量纪实性黑白照片配以解说性文字，清晰易懂，饱含历史沧桑感、厚重感，恰如一部波澜壮阔的民族史诗。

目录

见证历史的巨变

——云南少数民族社会发展纪实

生产劳作卷

历史篇·19世纪末期~20世纪中期

本社 编

云南美术出版社

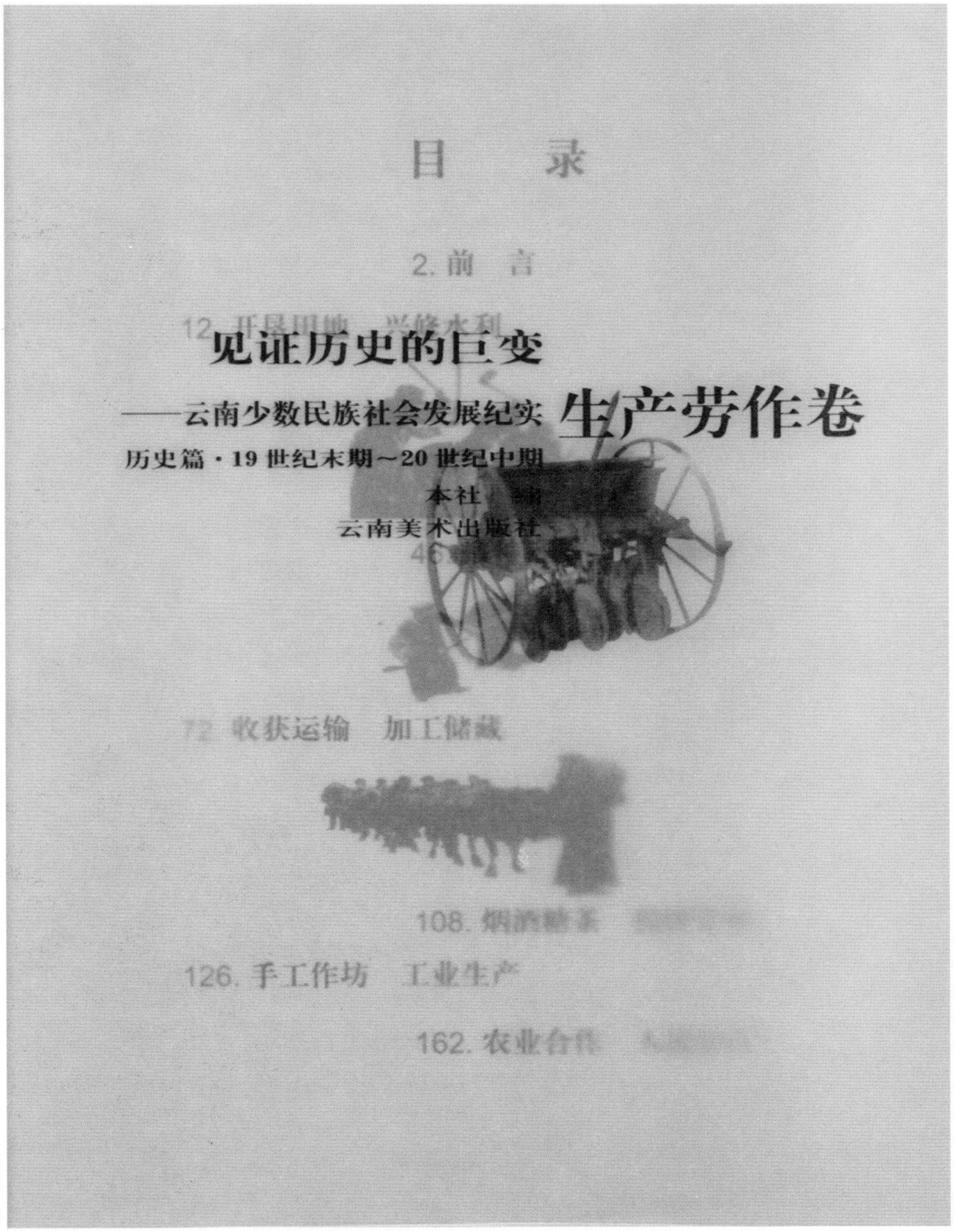

装帧设计提名奖

2007-

见证历史的巨变 文化艺术卷
——云南少数民族社会发展纪实
历史篇·19世纪末期~20世纪中期
本社 编
云南美术出版社

见证历史的巨变 社会发展卷
——云南少数民族社会发展纪实
历史篇·19世纪末期~20世纪中期
本社 编
云南美术出版社

19. 怒江州贡山县傈僳族犁田。为了不误农时，傈僳族在耕地、播种等农忙季节常常采用借工还工的方式，傈僳语称为“瓦鸠”。换工互助纯属自愿，甲方为乙方做工几天，以后乙方也为甲方做工几天，彼此不计报酬，而且不论男女老少，半劳动力或全劳动力，只要照人数还工即可。
20. 傈僳族妇女在锄地。怒江地区的傈僳族的粮食作物因受地理环境的限制，主要以玉米、旱稻为主。
21. 为了防止庄稼被雨水冲走，傈僳族群众在地边垒起了石埂。傈僳族种玉米通常只犁一道（在坡度较缓的地方），而且犁得很浅，原因是怒江峡谷坡陡谷深，翻土过深过松，一到下雨连土带庄稼就会一起被冲走。
22. 铁锄是傈僳族主要的生产工具，分为条锄和板锄两种。同铁犁一样，傈僳族使用的锄头也是从汉族地区传入的。过去，怒江地区的傈僳族大多是到保山、兰坪等地用实物交换铁锄。
23. 解放军战士与傈僳族社员一道兴修水利。
24
25

182

18

书名

全宋笔记

出版

大象出版社

设计

张胜

评语

本书是一部经过系统整理、齐全收罗的宋人笔记总汇，是中国宋代文史学界继《全宋诗》和《全宋文》后的第三部大型总集。

本书整体设计风格简约、大方，延续了古籍文字竖排版的阅读方式来呈现内容。护封选用牛皮纸压细密横条纹，书名采用黑色油墨，通过压凹、过油工艺呈现。

本书为精装，浅灰色和深灰色搭配，布纹纸包裹书脊所构成的封面样式更具古籍韵味，契合全书内容。内文印刷在浅米色复古质感的纸张上，编排考究，天头宽裕留白，版式疏朗醒目。这一切的和谐组合，使这部书远离平庸与类同。全套书均是由右及左翻阅，古典、别致。

李心傳　建炎以來朝野雜記（甲集）

全宋筆記

第六編　七

大象出版社

點校說明

《建炎以來朝野雜記》四十卷，李心傳撰。李心傳（一一六七—一二四四），字微之，又字伯微，號秀巖，晚年自號雲濮病叟，世稱秀巖先生，隆州井研（今屬四川）人。慶元初科場失意，遂閉戶著書。晚被薦爲史館校勘，賜進士出身。官至工部侍郎。《宋史》卷三四八有傳。李心傳的主要史學著作，除本書外，尚有《建炎以來繫年要録》（別名《高宗繫年要録》，以下簡稱《要録》）、《舊聞證誤》兩書。

本書甲、乙集共四十卷，專記宋室南渡以後高宗、孝宗、光宗、寧宗四朝的典章制度及其他有關史事。該書「雖以《雜記》爲名，其體例實同會要，蓋與《繫年要録》互相經緯者也」（《四庫全書總目提要》語）宋、元間人記述南宋前期史事多取材此書。然書中記高宗朝史事，有些部分不及《要録》之精審。然而，《要録》原書早已失傳，今本是清四庫館臣從《永樂大典》中輯出，並重加釐定、竄改的，故其中錯誤、不妥處亦復不少。而《雜記》有幾種舊鈔本（包括影宋鈔本）流傳，多有可供校正《要録》記事失誤之處。總之，《要録》僅記高宗一朝的史事，而《雜記》兼及高、孝、光、寧四朝史事，並連帶追敍當代典章制度的淵源，間有評論，時間既長，範圍亦廣，乃治宋代史者必讀之書。

全宋筆記
第六編 三
大象出版社
李心傳
全

四
大象出版社
全宋筆記
李心傳 建炎以來朝野雜記（乙集）
李心傳 舊聞證誤
全宋筆記
第六編 八
記（甲集）

19

书名

国学启蒙

出版

方圆电子音像出版社

设计

陈瑜

评语

封面设计选用突出主题的图案——“杨柳青木版年画”进行装饰，“凤鸟纹吉祥图案”及作为背景的文字元素使画面的层次更加丰富。封面文字重点突出，选择大宋字体右上编排，庄重而古朴，彰显了民族文化瑰宝的深厚底蕴。

书籍整体采用仿古纹理的特种纸张印刷，色调古色古香，典雅饱满，凸显书籍的收藏价值。

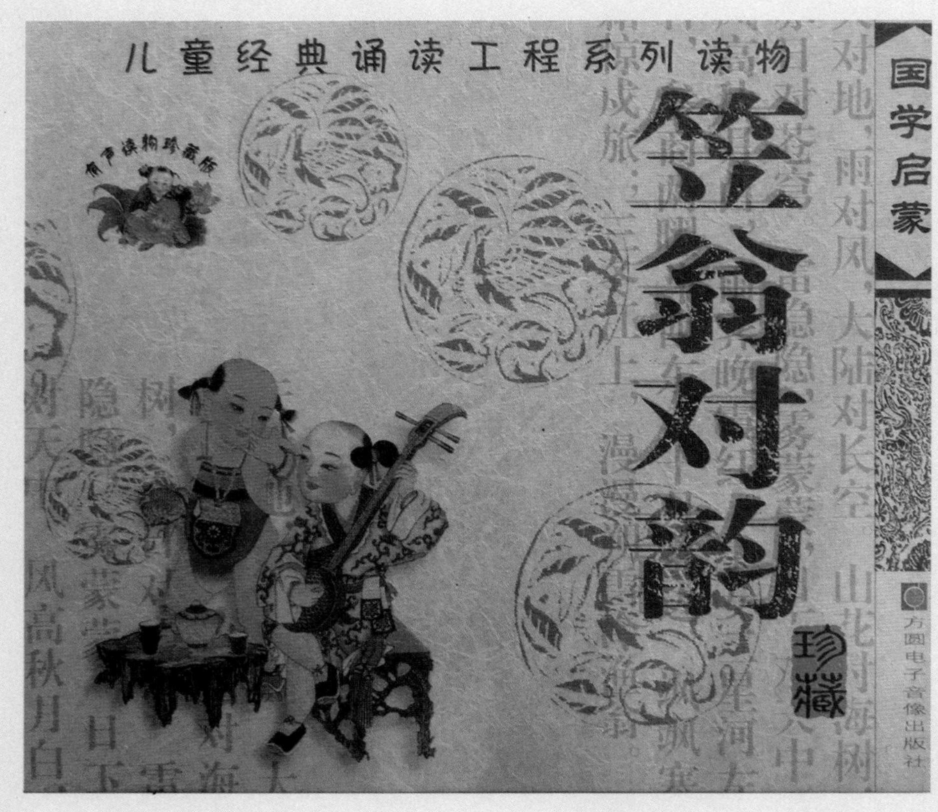

儿童经典诵读工程系列读物
有声读物珍藏版
笠翁对韵
珍藏
方圆电子音像出版社
国学启蒙

20

书名

屯堡人

出版

贵州文化音像出版社

设计

万千工作室

评语

傩戏面具在屯堡文化中最具代表性。

这本书主要是为了这部大型花灯剧而作的介绍和解说。封面选取了地方景色图片，以褐色为基调，与色块相呼应。

书名使用烫银工艺，与背景色块产生强烈对比。书的内文以图片为主，傩戏面具作为当地代表性文化特色出现在每页书口部分。书是由右及左的翻阅方式，在封底DVD光盘盒之前，是一张细致印刷的硫酸纸，印有屯堡地区地图，与后部的光碟图案相互映衬，图案若隐若现。

中国出版政府奖
装帧设计奖　获奖作品集
2007–2013

装帧设计提名奖

The Awarded Works Collection of the Chinese
Government Award for Publishing Graphic Design Award
The First Session 2007

2007-

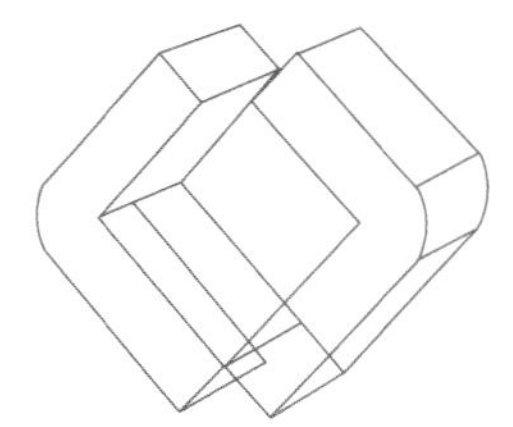

中国出版政府奖

装帧设计奖获奖名单

2007-

装帧设计奖

作品名称	设计者	出版单位
01 曹雪芹扎燕风筝图谱考工志	费保龄　汉声　钟边	北京大学出版社
02 中国木版年画集成·杨家埠卷	合和工作室	中华书局
03 长征	刘静	人民文学出版社
04 徐悲鸿	卢浩	江苏美术出版社
05 荷兰现代诗选	张明　刘凛　申山	广西师范大学出版社
06 蒙古族通史	杜江	辽宁民族出版社
07 无色界——嘎玛·多吉次仁（吾要）作品	吾要	民族出版社
08 上海图书馆藏明清名家手稿	姜寻工作室	上海古籍出版社
09 疼痛·阻滞与解剖彩色图谱	赵京津	人民卫生出版社
10 符号与仪式——贵州山地文明图典	曹琼德　卢现艺	贵州人民出版社

装帧设计提名奖

作品名称	设计者	出版单位
01 历史·田野丛书	罗洪	三联书店
02 汉英对照论语	刘晓翔	高等教育出版社
03 看不见的长城	北京视新中天广告公司	外文出版社
04 老兵大家丛书	张禹宾	解放军出版社
05 曹雪芹风筝艺术	赵健工作室	北京工艺美术出版社
06 张伯英碑帖论稿	王梓　郑子杰	河北教育出版社

装帧设计提名奖

作品名称	设计者	出版单位
07 华夏之根——山西历史文化的三大特色	王春声	山西教育出版社
08 法国诗选	马晓霞	复旦大学出版社
09 热河生物群（英文版）	戚永昌	上海科学技术出版社
10 洛丽塔	陆智昌	上海译文出版社
11 鲁迅与社戏	揭同元　章雷	江西人民出版社
12 福禄寿喜图辑	王承利　宋晓军　李燕	山东美术出版社
13 京剧大师尚小云	侣哲峰　孙恩戈　崔凯　李向晨	陕西人民出版社
14 格林童话全集	吴颖辉	湖南少年儿童出版社
15 中国物理学史	刘相文	广西教育出版社
16 21 世纪首届中国黑白木刻展览作品集	戴政生　袁宙飞	西南师范大学出版社
17 见证历史的巨变——云南少数民族社会发展纪实	徐芸　张文璞	云南美术出版社
18 全宋笔记	张胜	大象出版社
19 国学启蒙	陈瑜	方圆电子音像出版社
20 屯堡人	万千工作室	贵州文化音像出版社

帛苦文籍

雕絮模梓

印拓纸简

字牍版墨

中国出版政府奖 装帧设计奖

第 二 届 2 0 1 0

获奖作品集

柳斌杰 主编
邬书林 副主编

The Awarded Works Collection of the Chinese Government Award for Publishing, Graphic Design Award
The Second Session 2010

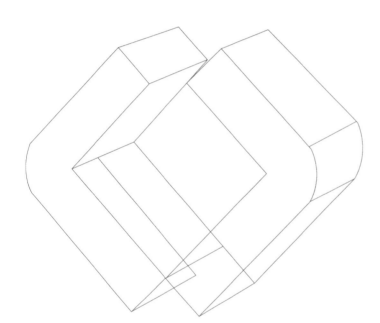

辽宁美术出版社

2010-

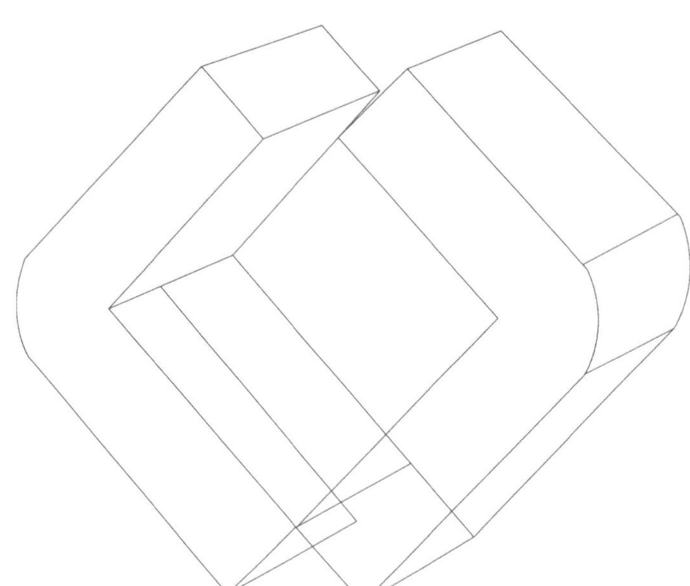

编委会

序言

中国是世界出版大国，从古代的简策、帛书等形式的书籍算起，至今已有三千年的书籍发展史。书籍作为文化产品，代表了一个国家、一个民族的文明与进步。书籍装帧不仅反映图书产品的外观形象和内在品质，而且体现民族文化的精髓和主流文化的方向，是实现书籍的社会功能、展示民族文明进步的重要载体。繁荣和发展我国的出版事业、促进中国图书走出去，书籍装帧设计是一个重要的环节，得到了政府主管部门和业界的高度重视。

2007年，新闻出版总署（现国家新闻出版广电总局）决定举办首届中国出版政府奖评奖活动，并委托中国出版协会负责子项奖——装帧设计奖的评奖工作。在中国出版政府奖评奖工作领导小组的领导下，中国出版协会于2007年、2010年和2013年主持评选了首届、第二届和第三届装帧设计奖，每届评出获奖作品10件、提名奖作品20件，三届共评出获奖作品30件、提名奖作品60件。获奖作品是从全国各出版单位报送的1068种图书、84种音像电子出版物中评选出来的。

作为中国出版业装帧设计领域最高奖项的中国出版政府奖（装帧设计奖）设立以来，在出版界产生了很大的影响，引起了出版界对装帧设计的高度重视，激发了设计者的创作热情，涌现出一大批优秀的装帧设计人才和优秀作品，为书籍装帧领域带来了巨大的变化，促进了我国书籍装帧设计整体水平的提高，在国际文化交流中发挥了积极的作用。

纵观近十年来三届中国出版政府奖（装帧设计奖）的参评作品，我们欣慰地看到，中国书籍装帧设计意识的深化，设计作品从构思内涵到表现形式再到印装工艺都有了很大的提升，充分体现出当代中国书籍装帧艺术百花齐放的时代风貌，使本民族悠久而灿烂的书籍文化得以传承和发扬，并向世界展示和传播。主要表现在以下几个方面。

一、书籍整体设计理念的深化

书籍装帧设计是指从书籍文稿到成书出版的整个设计过程，也是完成从书籍形式的平面化到立体化的过程。它包含了艺术思维、构思创意和技术手法的系统设计，即书籍的开本、装帧形式、封面、腰封、字体、版面、色彩和插图，以及纸张材料、印刷、装订和工艺等各个环节的艺术设计。在书籍装帧设计中，只有从事系统的全方位设计，才能称为装帧设计或整体设计。从一些优秀的书籍设计中，我们可以十分清晰地看到，中国的书籍装帧正在从简单的封面设计或版式设计思维向书籍整体设计的观念过渡，从书籍的平面形式向立体形式转变。

获奖作品《北京跑酷》以一套四册的田野考察和资料整理“报告文献”，用新颖的编排组合形式装入半透明盒内，强化了本书题材的“档案感”，让读者从知性与感性的角度体会北京城市的独特区域划分，更接近对其考察的本质。这一全方位的立体设计方式给今天国内的书籍设计带来了有益的启示。《当代中国建筑史家十书——王世仁中国建筑史论选集》由表及里的整体设计，突出中国古典建筑特质和严谨的学术气氛，从封面、版式、材料、工艺、装帧各方面均追求精美、精致，给人一种深沉、大气、华素之感，较好地体现了当代装帧设计的新理念。

二、中国本土文化审美意识的回归

在书籍装帧中，本土文化审美意识主要体现在两个方面，一是对“书卷气”的尊重和重新诠释；二是对中国视觉元素的运用。“书卷气”是书籍装帧整体意识的升华。“入乎其内，故有生气；出乎其外，故有高致”，是中华民族的审美境界。“书卷气”与中国画的品鉴标准“气韵生动”一样，追求书籍外在形式下的内在气韵。书籍装帧应根据书籍讲述的主题，运用点、线、面、色彩、文字、图形等元素，将其转化为整体和谐之美、灵动之美。在历届参评的许多作品中，我们可以看到书籍装帧者们在极力摒弃媚俗化、庸俗化、盲目西化的做法，追求返璞归真的书卷韵味和本土文化气质，唤起人们对书籍文化的尊重。同时，在面对书籍流通的商业化需求和吸收外来文化的过程中，书籍装帧者们越来越意识到尊重本民族文化审美习惯、运用中国视觉元素和文字的重要性。于是，一股浓郁的中国风在参评作品中吹动起来。

《剪纸的故事》装帧设计巧妙地利用了中国传统民间剪纸刀刻的手法，再现了与原作相似的剪裁感，伴随着翻动与交替的变化，使读者有一种身临其境参与创作的生动体验。在纸张的选择和运用上，也呈现出剪纸艺术的特质。《中国记忆——五千年文明瑰宝》汇集了全国博物馆珍贵的文物精品图片，正文运用传统的筒子页装订成包背装形态，封面运用红色丝绒扎出吉祥纹样，映衬云雾笼罩下的万里长城，腰带背面印刷各时期典型的中国文物，书名用中国红漆片烫压。全书设计充分体现了中国传统书卷韵味和中华文明的内涵。《中华舆图志》封面采用丝制材料，内文采用质地柔软的书画纸并借助中式传统装帧手法。这些极具中国元素的材料和手法，全面地诠释了图书的设计与内容的完美结合。

三、设计与时代同步

强调中国本土风格并非墨守成规、自我封闭。随着全球经济的一体化、科技的发展、时代的进步和生活节奏的加快，装帧设计理念也要不断求新，吸收外来先进设计思想，适应今天社会和年轻读者的审美欣赏习惯，"以人为本"、"以简代繁"，强化书籍视觉传达语言的叙述，如对图像、文字在书籍版面中的构成、节奏、层次以及对时空的把握。如《中国桥梁建设新进展》的整体设计，为了体现"新"，采用了"跨越"的概念，封面的水波纹线，一直延伸至环衬及书籍内页，将桥的跨越感表现出来，极具时代感。《天堂》是一本诗集，整体设计简约、素雅、切题，为表现"天堂"的纯净，基本上去掉了所有的装饰，只有一个形似天使的光环和翅膀，从函套上天堂之门的钥匙处穿越，似可触摸天堂中的母亲、汶川地震罹难的孩童以及自己的灵魂，使本书充满时代的气息。

图书形式与功能的艺术化，使得材料的选择更显得重要。新材料、新工艺的应用，是书籍装帧设计与时俱进的标志，能让图书具有时代特色，对推进工艺技术革新也具有探索和创新意义。《好好玩泡泡书》系列运用新材料特性，取得独创性的装饰效果。图书设计者充分考虑了EVA材料具有手感柔软的亲和力特点，使图书具备了玩具的功能。这种低幼图书玩具化，使阅读过程充满乐趣，是儿童早期阅读的一种有效方式。《工业设计教程》所用的材料较为新颖，创造性地将金属材料引用到图书封面设计中，与工业设计的内容相呼应，恰到好处地把握了艺术表现和阅读功能的关系。

四、追求个性的设计风格

书籍装帧艺术和其他门类的艺术一样，讲究立意、构思独特、形式新颖，彰显个性，具有独特的艺术风格。这是中国出版政府奖（装帧设计奖）对参评作品的基本要求，也是书籍设计者永无止境的艺术追求。《汉藏交融——金铜佛像集萃》整体设计具有鲜明的个性，突出表现金铜佛像的色彩及质感：从内文的红金专色，到前后环衬的古铜色特种纸，再到硬封的铜金属感装饰布料以及函套的佛像烫金点缀，内外呼应，与主题和谐统一，使读者沉浸在中华汉藏文化的光彩之中。《吃在扬州——百家扬州饮食文选》把中国独具特色的筷子转化成书籍设计元素，以餐具托盘的形象、食物的造型及南方园林的窗格纹样，巧妙地营造出江南饮食清甜淡香的风味，可谓立意隽永、构思巧妙，是把地方餐饮文化引入阅读意境的独特设计。《这个冬天懒懒的事》书籍设计具有"活性意味"的特点，文字、色彩、材料、印艺、书籍形态，轻松自若、活灵活现，全方位满足了书籍内容个性化形式的表现要求。

总之，设计师匠心独运，通过各种设计手法，进一步形成自己的独特风格和定位，使自己设计的图书在同类书籍中脱颖而出，进而提升作品的艺术价值。

这套图书收录了三届中国出版政府奖（装帧设计奖）获奖作品，不仅呈现了近十年来设计师们的丰硕成果，而且记录了中国装帧设计艺术发展的历程。每件作品都配有专家的点评，从多角度介绍和展现各设计作品的风貌，旨在让读者细细品味书籍设计艺术的魅力。希望这套图书不仅仅作为出版社美术编辑、社会设计专业人士的业务参考，进一步促进书籍装帧艺术水平的不断提高，而且也能够给予广大读者以书籍设计审美的启发，吸引读者去翻阅、购买、收藏图书，营造全民读书的氛围，为促进中国出版业的大发展大繁荣发挥应有的作用。

目录 · 装帧设计奖

目录 · 装帧设计提名奖

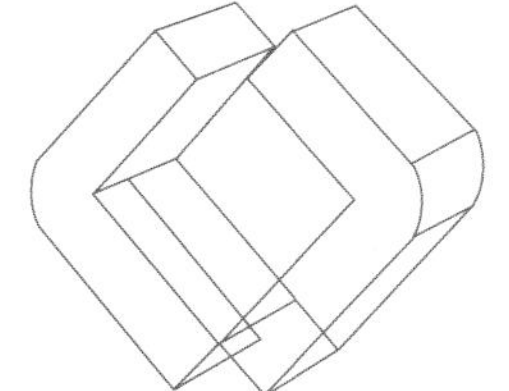

中国出版政府奖

装帧设计奖

2010-

01

书名

北京跑酷

出版

生活·读书·新知　三联书店

设计

陆智昌

评语

本书借用“跑酷”这一概念，旨在表达对北京都市空间和建筑的全新观察视角与态度。

书籍整体编辑设计的理念贯穿于内容与形式的统一之中。内容的编辑以空间为线索，以西单和东单及其南北延长线为界，将北京分为西、中、东三个区域；并对北京18个区域路采用“田野考察”的手法进行资料采编。理性与感性并重，编排的风格和手法变化多样。内文细节采用平面图、立体图、分解图、透视图等配合照片和卫星航拍地图，深度描绘观察所得，呈现出当代北京风貌。

这本具有时代感的图书带给读者新鲜灵动的阅读趣味，而这种独具匠心的编辑流程和设计方式给当代国内的书籍设计带来了有益启示。

南锣鼓巷区域

张自忠路3号是原清末陆军部，建于光绪三十二年（1906年），是清末官方等级最高、规模最大的西式建筑群。这座建筑不仅是近代建筑史的重要作品，也是近代重要的历史建筑。由此往西，在地安门东大街北面，是近年刚刚兴旺起来的南锣鼓巷和周边如鱼骨般串起的胡同区域。与西四北[illegible]的空间演化不同，这里舒展的空间更显得平和，就是当年富于实验性的探索项目菊儿胡同，也已融入街区的历史之中了。这反而使南锣鼓巷的喧闹繁华显得有些怪异。

由张自忠路和地安门东大街连接而成的平安大街东段，在20世纪末无情地剖开了这一宁静的区域，被迁移到街南的陆军部的影壁、沿街退仄而冷清的店铺，都见证了旧城肌理被撕裂后的阵痛；而南锣鼓巷的再生和区域的"祥和"状态，又显示出都市空间和民间智慧顽强的自愈能力。

C-270

C-271

C-326

C-327

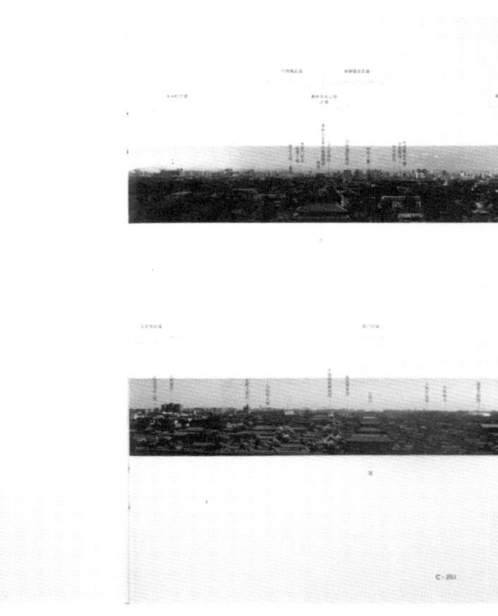

C-251

C - 339

C - 340

C - 341

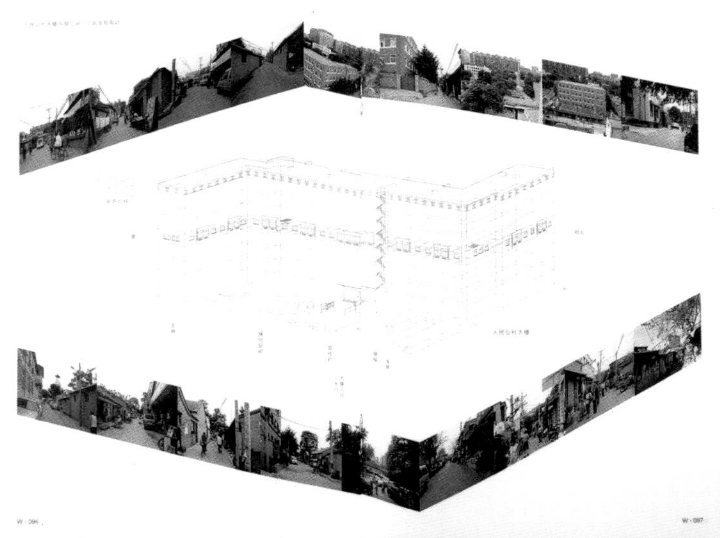

W - 096 W - 097

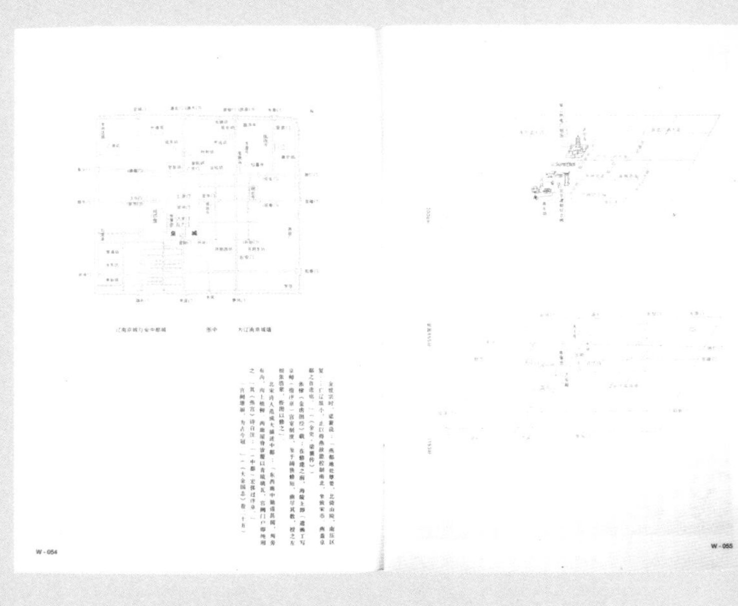

W - 054 W - 055

W E C i

Parkour West

Parkour East

Parkour Central

Parkour Interview.I

北京跑酷

18 个区域路上观察

- 白纸坊区域 西四北区域 动物园区域 羊坊店区 中关村区域
- 北京站区域 北京东站区域 麦子店区域 798艺术区域 CBD核心区域
- 景山区域 什刹海区域 南锣鼓巷区域 隆福寺区域 王府井区域 雍和宫区域 前门区域

北京跑酷
i
Parkour
Interview.Introduction
Beijing Parkour
C
Parkour
Central

中国出版政府奖
装帧设计奖 获奖作品集
2007–2013

装帧设计奖

2010-

The Awarded Works Collection of the Chinese
Government Award for Publishing, Graphic Design Award
The Second Session 2010

02

书名

中国本草彩色图鉴——常用中药篇

出版

人民卫生出版社

设计

郭淼

评语

这套彩色图鉴是难得的高品质科技题材书籍设计作品。设计者对整套书进行了由表及里的视觉设计再现。

护封选用了专为此书绘制的精美植物标本图，以重复的手法强化了该书主题的视觉感。整书色调以沉稳的深绿色为基准，彰显本草图鉴在艺术美学上的魅力。正文简洁明晰地展现了检索功能，与整体设计风格统一。

在内文的版式设计上，以中式的审美角度，简明扼要地整理了本草详解，搭配以精美的本草彩色标本图，使得整本书精彩至极。彩色标本图参考新鲜标本绘制，形态真实，色泽自然，特征鲜明，与整书精美的印制相得益彰，是此类题材书籍专业化的典范佳例。

装帧设计奖

The Awarded Works Collection of the Chinese Government Award for Publishing, Graphic Design Award
The Second Session 2010

2010-

2010-

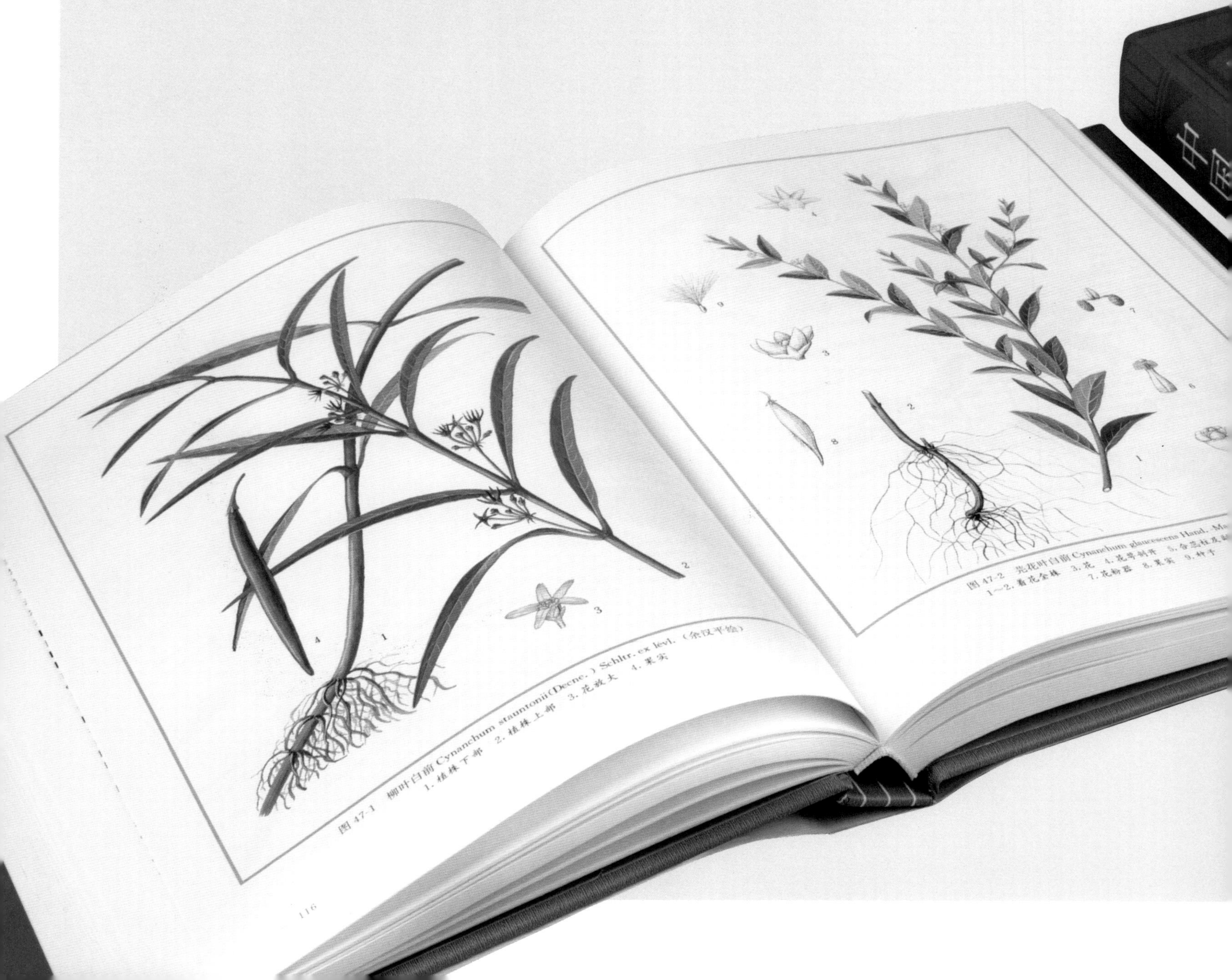
图 47-1 柳叶白前 Cynanchum stauntonii(Decne.) Schltr. ex levl.（余汉平绘）
1. 植株下部 2. 植株上部 3. 花放大 4. 果实
116

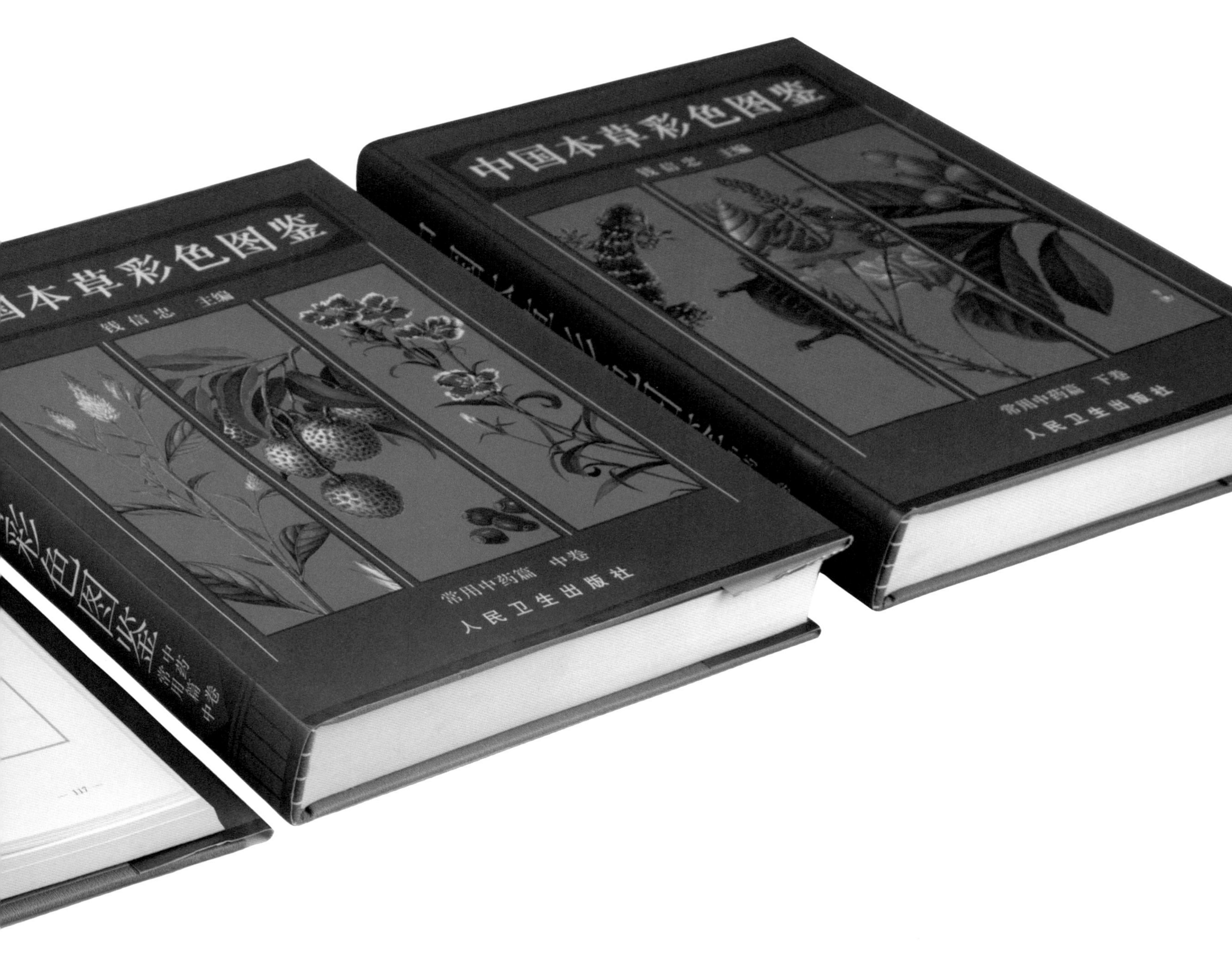

国本草彩色图鉴
钱信忠 主编
常用中药篇 中卷
人民卫生出版社
彩色图鉴
常用中药篇 中卷
中国本草彩色图鉴
常用中药篇 下卷
人民卫生出版社

03

书名

中国记忆
——五千年文明瑰宝

出版

文物出版社

设计

敬人设计工作室　吕敬人　吕旻

评语

本书整体设计核心定位在体现东方文化审美价值上，以构筑浏览中国千年文化印象的博览“画廊”作为设计构想，将主题视觉元素由表及里贯穿于整本书籍设计的过程。最重要的是使中国传统文化审美中的道、儒、禅，即道教的飘逸之美、儒家的沉郁之美、禅宗的空灵之美、三者融为一体，并试图渗透于全书的信息传达和阅读语境之中。

在版面设计上，以文本为基础，编织好网络传达的逻辑系统和视觉结构规则，从而严格把控细节，协调艺术表现和阅读功能。

书籍内部为了完整地呈现图像全貌，使用了跨页执行 M 折法，这种结构设计使中心部分书页离开订口，单双页充分展开，从而增加了信息表达的完整性与阅读的趣味性、互动性。

封面强调稳重、含蓄、简练之感，书脊上端设计独到，用红线扎制成中国方胜图形横贯三个面，由此，全方位导入传统与现代融合的理念。

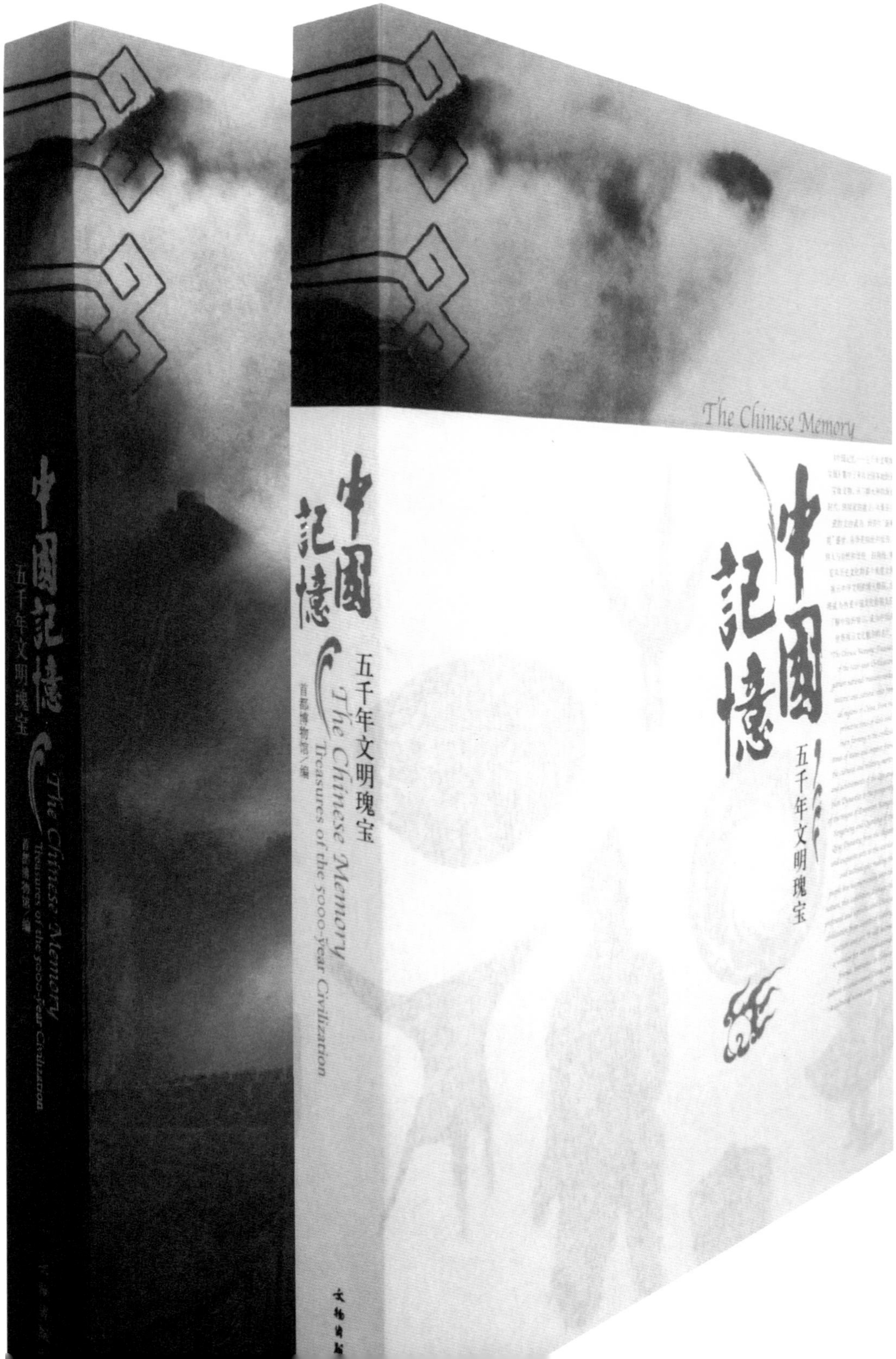

The Chinese Memory

中國記憶
五千年文明瑰宝
The Chinese Memory
Treasures of the 5000-year Civilization
首都博物馆／编

中国出版政府奖
装帧设计奖 获奖作品集
2007–2013

装帧设计奖

The Awarded Works Collection of the Chinese
Government Award for Publishing Graphic Design Award
The Second Session 2010

2010-

中國記憶
The Chinese Me

中国出版政府奖
装帧设计奖 获奖作品集
2007–2013

装帧设计奖

2010–

The Awarded Works Collection of the Chinese Government Award for Publishing, Graphic Design Award
The Second Session 2010

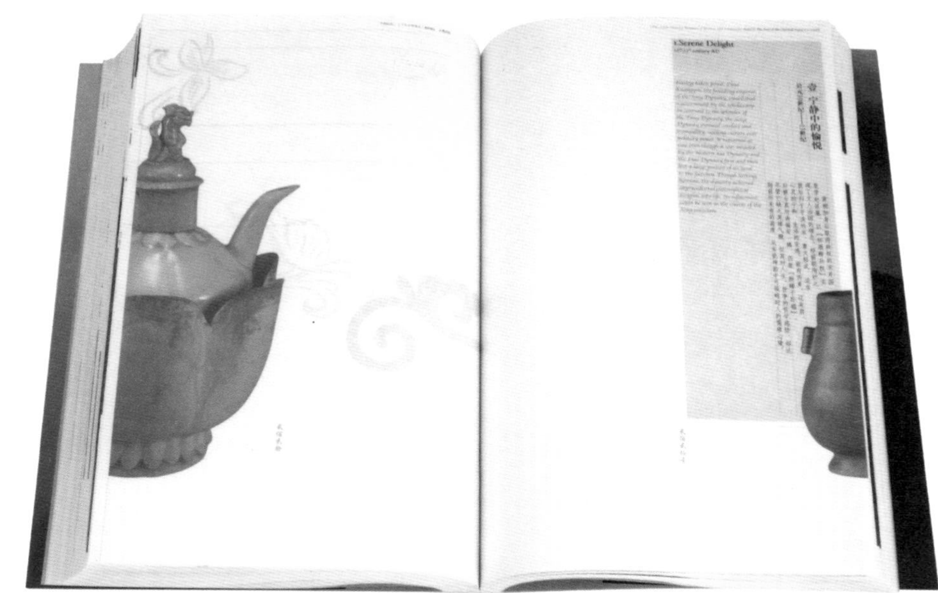

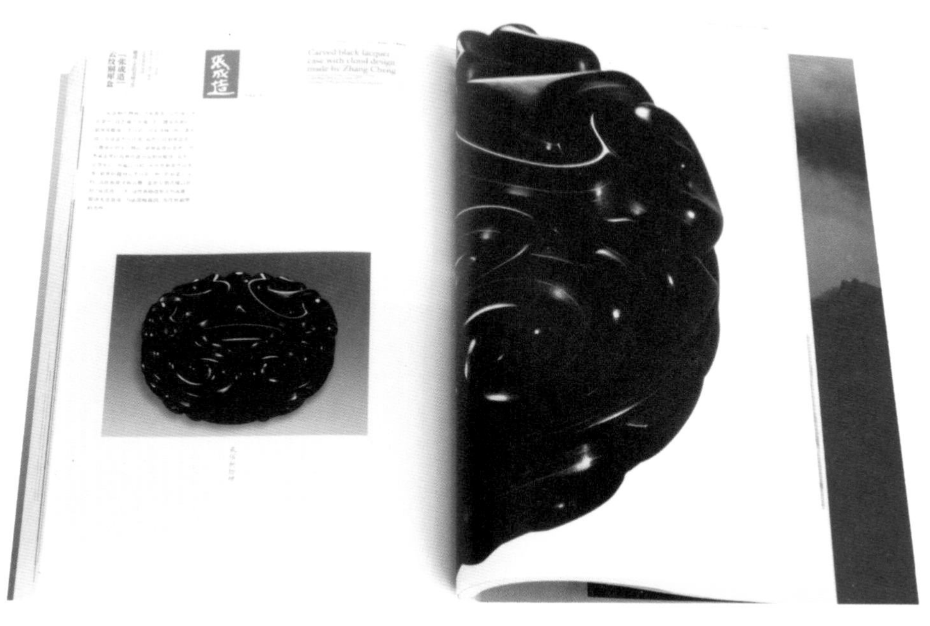

04

书名

工业设计教程

出版

辽宁美术出版社

设计

范文南　洪小冬　彭伟哲

评语

本书是由鲁迅美术学院工业设计系组织编写，经周密准备、悉心编撰的一部从理论到实际的对工业设计教学进行全面、系统、深化与整合的精品课程规划教材。

本书特色鲜明，具有创新意识，符合当今工业设计教育发展趋势。书籍封面选用新颖独特的金属材质与黑色亚麻布拼合，选材工业感强烈，手感与触感具多样性，厚重沉稳、气势恢宏，准确地诠释了主旨。

书脊采用镂空工艺，文字烫银处理，与封面基调相得益彰。内文通过规范的版式设计，条理清晰地将章节内容细化深入，以简明的论述、生动的案例、贴近实际的练习为核心，信息结构清晰，文字讲解翔实。

中国高等院校艺术设计专业
国家级实验教学中心精品课程规划教材
工业设计教程
Textbooks for Industrial Design
第二卷
主 编:杜海滨
副主编:薛文凯
北方联合出版传媒(集团)股份有限公司
辽宁美术出版社

中国高等院校艺术设计专业
国家级实验教学中心精品课程规划教材

工业设计

中国高等院校艺术设计专业
国家级实验教学中心精品课程规划教材
工业设计教程
第二卷
主 编杜海滨
副主编 薛文凯
北方联合出版传媒(集团)股份有限公司
辽宁美术出版社

05

书名

私想着

出版

华东师范大学出版社

设计

朱赢椿

评语

本书以木刻版画和杂文结合的幽默方式影射现实中的社会人生，发人深省。正如作者的版画系列，每一幅作品都是作者经历世态冷暖后的真实感悟，在看似平淡的画面中透出艺术家性格的率直与坦诚。本书设计黑白相间，全图线条以凹凸的质感模拟木刻版画意象，在视觉和手感上还原版画氛围，使整本书充满幽默感与艺术性。封面的纸张承载了图文木刻版画特性，具有个人风格且不失亲切感；文字没有采用任何电脑字体，版画与杂文完美结合，于自然中透出质朴。

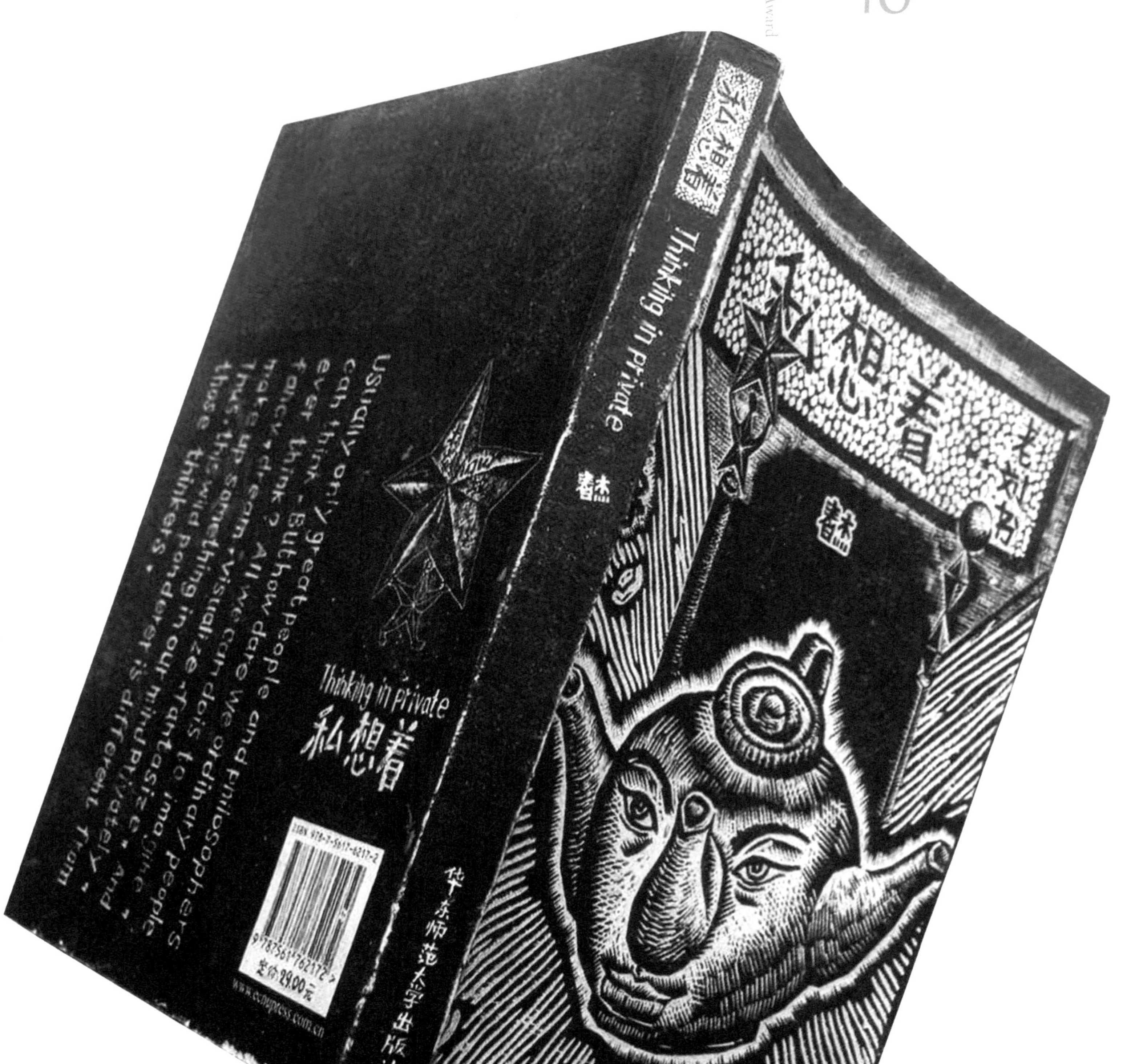
私想着
Thinking in private
Thinking in private
私想着
www.ecnupress.com.cn

084
让阳光暴晒一下阴冷的心

装帧设计奖

The Awarded Works Collection of the Chinese
Government Award for Publishing Graphic Design Award
The Second Session 2010

2010-

06

书名

汉藏交融——金铜佛像集萃

出版

中华书局

设计

张志伟

评语

书籍的整体设计突出金铜佛像的色彩质感，通过内文的红金专色，前后环衬的古铜色特种纸，硬封的铜金属质感装帧布料面，函套的木质边条及佛像烫金点缀，做到内外呼应，形式和主题和谐统一。

内文版面文字横排与竖排相结合，既有传统韵味，又富于变化，且与佛像图片相得益彰。

三种风格的佛像分别点缀不同的线描莲花座图案，不仅强调了佛像的名称，而且具有极强的装饰意味。

内文的纸张选择是根据内容做出相应的变化；佛学家的题词部分用类似宣纸的刚古条纹；论文的文字部分运用较轻型的纸张；章节页用较薄的字典纸对折成筒子页，隐隐透出内页的佛像剪影，营造出佛像的神秘之感。本书的整体设计力求古朴厚重，同时突出佛教艺术文化的神秘气息。

漢藏交融
金銅佛像集萃
中華書局

漢藏交融
金銅佛像集萃
Sino-Tibetan Buddhist Interactions
A Treasury of Gilt Copper
Buddhist Statues
中華書局

中国出版政府奖
装帧设计奖 获奖作品集
2007–2013

装帧设计奖

The Awarded Works Collection of the Chinese Government Award for Publishing, Graphic Design Award

The Second Session 2010

2010-

漢藏交融

Sino-Tibetan Buddhist Interactions

金銅佛像集萃

A Treasury of Gilt Copper Buddhist Statues

中華書局

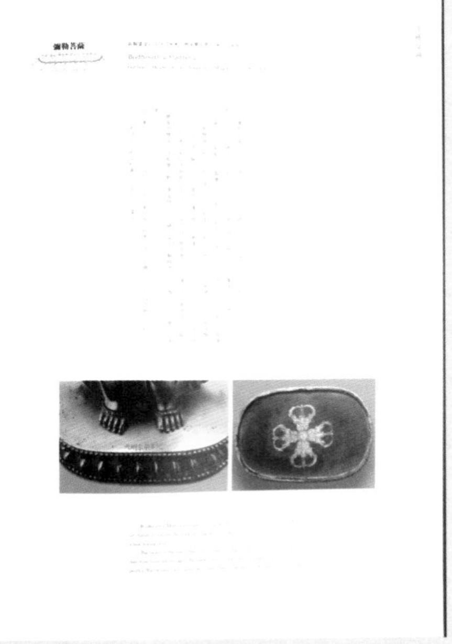

中国出版政府奖
装帧设计奖 获奖作品集
2007–2013

装帧设计奖

The Awarded Works Collection of the Chinese
Government Award for Publishing, Graphic Design Award
The Second Session 2010

2010-

多元藝術風格佛像

Buddhist Statues of Diverse Artistic Styles

07

书名

中国城市巡礼

出版

海风出版社

设计

吴勇工作室　窦胜龙

评语

本书是一份献给新中国成立60周年的“厚礼”。书中照片凸显了中国主要城市的地域性和当地的人文特色，展示了城市最亮丽和最具活力的场景。拍摄内容丰富，不仅有城市的全貌，还有地标性建筑；不仅有城市经济发展面貌、金融商圈，还有周边自然风光、山川河流；不仅有民族风俗、重大节庆活动、当地人文景观、世界文化遗产，还有时尚生活场景、广场文化、景观大道、公共景观等。

函套就像一个多面体，包裹着上、下两卷书册，充分体现了多样性的概念。封面上通过线描手法处理的“China”和标志性建筑元素，以及传统水纹和背景底纹，无一不体现出细腻、多样、独特的概念。内页版式均由大篇幅的跨页图片表达，凸显祖国城市、山川、河流之雄伟和大气。

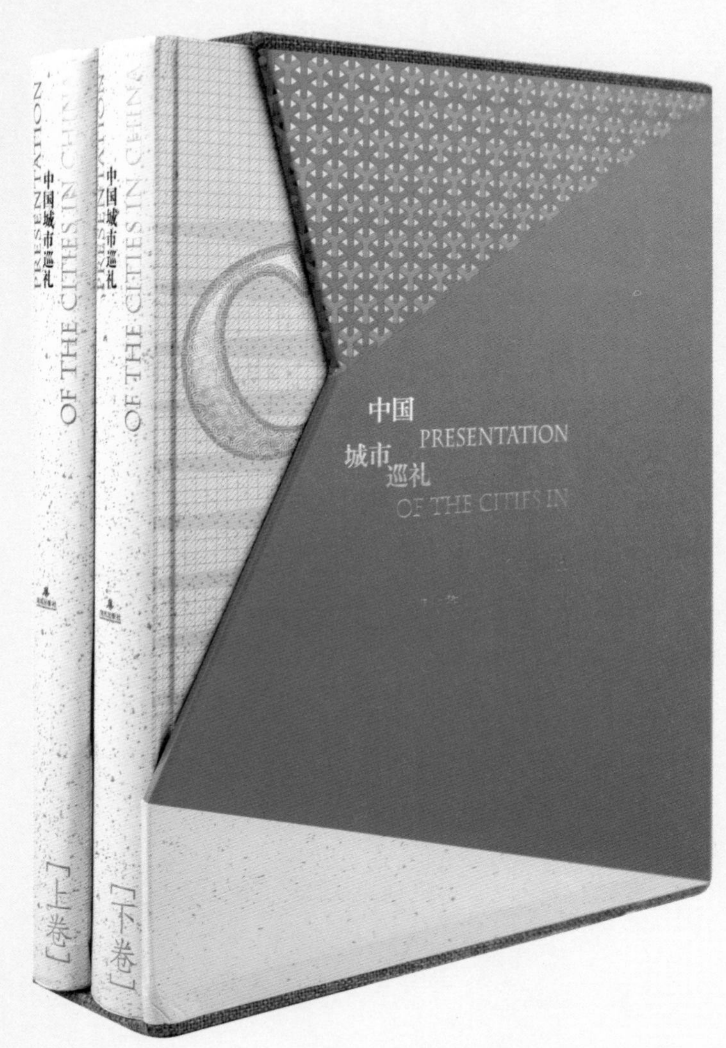

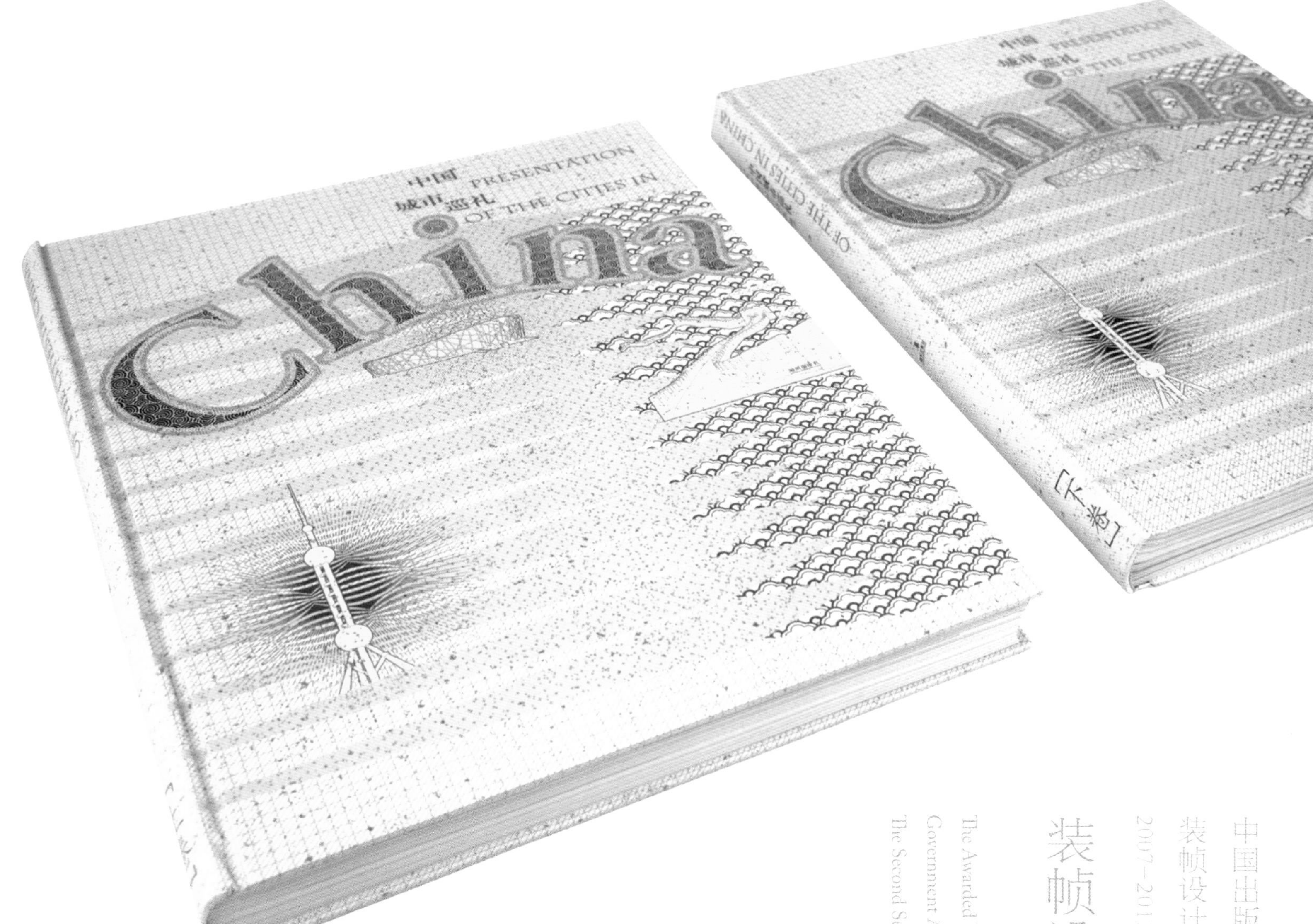

中国出版政府奖
装帧设计奖 获奖作品集
2007–2013

装帧设计奖

The Awarded Works Collection of the Chinese Government Award for Publishing, Graphic Design Award
The Second Session 2010

2010-

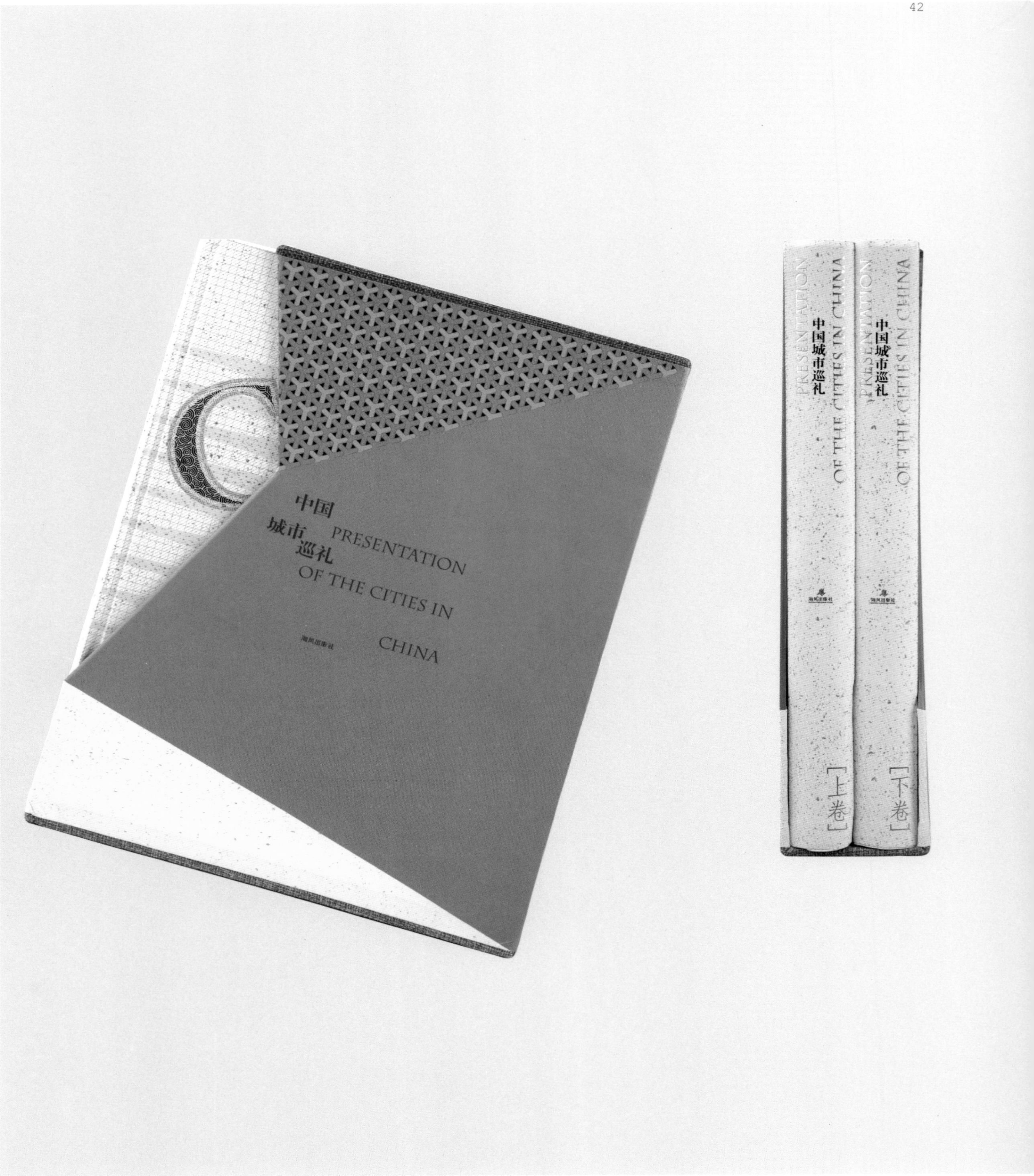

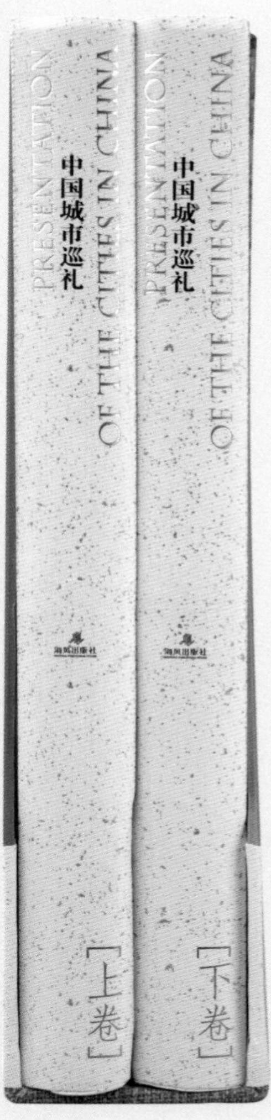
PRESENTATION
OF THE CITIES IN CHINA
中国城市巡礼
[上卷]
PRESENTATION
OF THE CITIES IN CHINA
中国城市巡礼
[下卷]

「下卷目录」
上海市 p012 / p051
重庆市 p052 / p083
南京市 p084 / p105
杭州市 p106 / p135
合肥市 p136 / p147
福州市 p148 / p165
南昌市 p166 / p183
济南市 p184 / p197
郑州市 p198 / p217
武汉市 p218 / p237
长沙市 p238 / p255
广州市 p256 / p283
南宁市 p284 / p299
海口市 p300 / p315
香港特别行政区 p316 / p339
澳门特别行政区 p340 / p355
台北市 p356 / p369

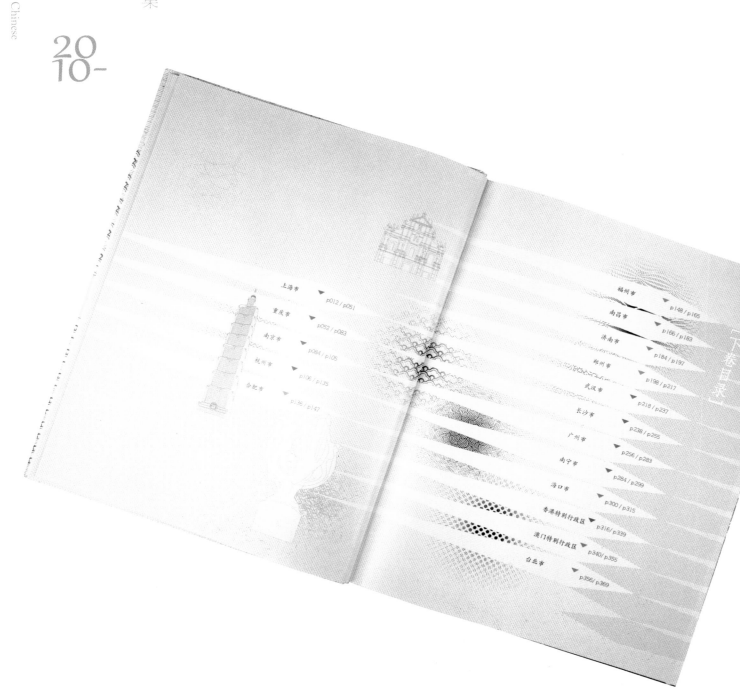

装帧设计奖

2010-

The Awarded Works Collection of the Chinese Government Award for Publishing, Graphic Design Award The Second Session 2010

08

书名

梦跟颜色一样轻——90 后作家高璨诗绘本

出版

陕西人民出版社

设计

门乃婷装帧工作室

评语

本书营造了一个安静、冥思、灵性的童话世界。视角敏妙，想象新奇，语言鲜活，童趣中见巧思，画意中有诗情，带我们回归的不只是过去，还有理想的未来。书籍的装帧设计生动活泼，富有童真情趣。丰富的插图设计、跳跃的色彩给书籍带来童话般的视觉感受。左图右文的编排方式，令读者在重复的节奏中体验富有变化的视觉冲击力。

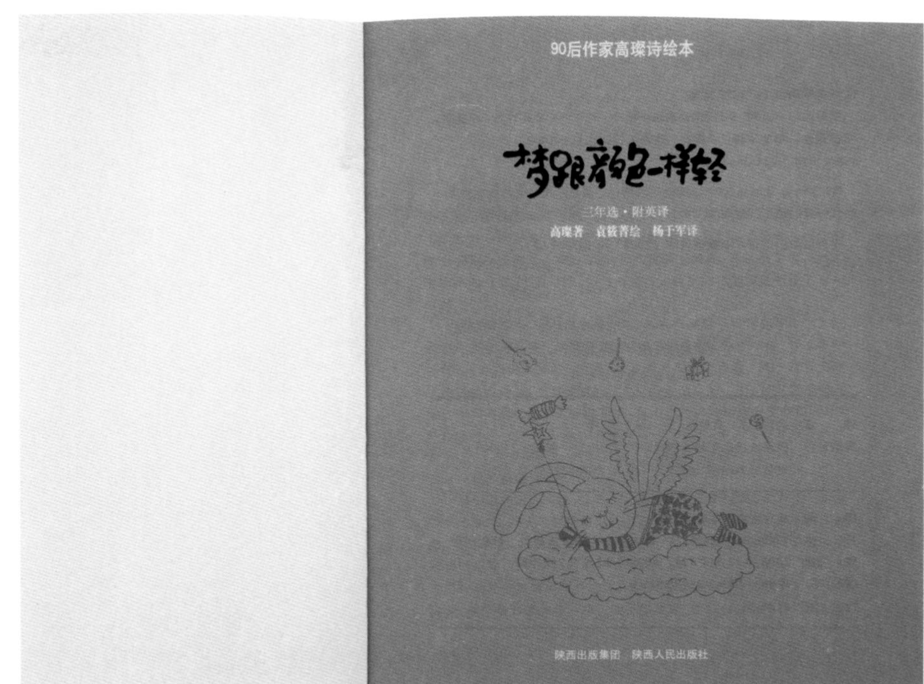

90后作家高璨诗绘本
梦跟颜色一样轻
三年选·附英译
高璨著 袁筱菁绘 杨于军译
陕西出版集团 陕西人民出版社

第六届"雨花杯"全国十佳文学少年
本书荣获国家新闻出版总署
"2009年第六次向全国青少年推荐百种优秀图书"
陕西出版集团 陕西人民出版社

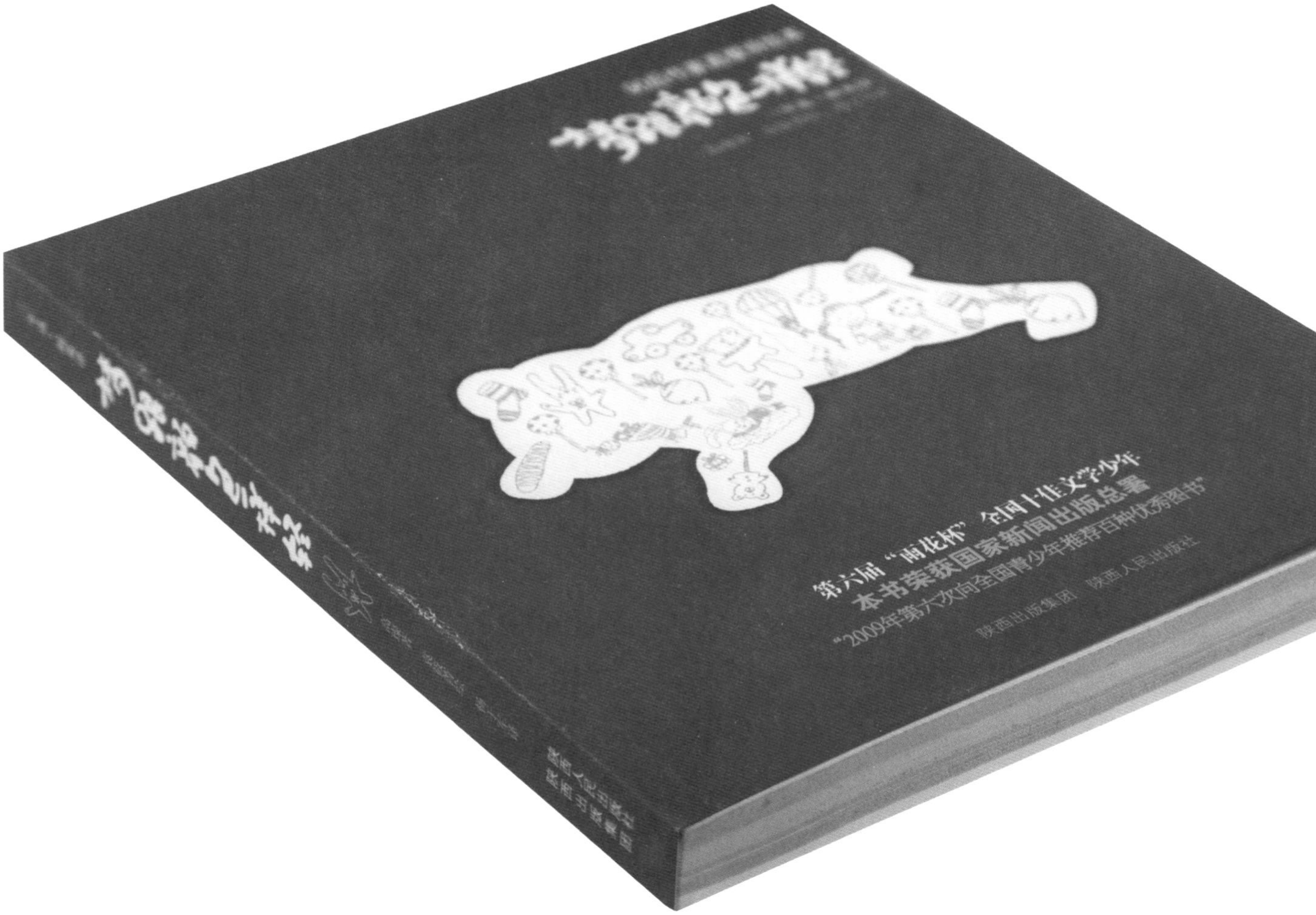

上 弦 月

永远都只是仰望更深的夜色
上弦月，如一个微笑
久久荡漾夜空
谁知道她银质的心
究竟在想什么
谁知道要走进她的心
需要沿着月光走多久

月，你宛若一个薄如风的羽毛
有着银色目光的梦
夜空为你而神秘

上弦月，请你低下头
让小河看看你的面容
小河金色的盼望
如今已经长出，雪一般的胡须

2006年10月9日

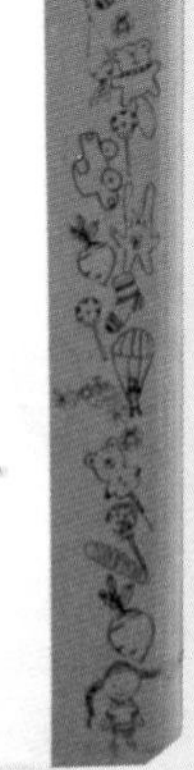

棉 花 糖

蓝天上有一朵朵棉花糖
白白的
软软的
小白兔嘴馋了
望着白白的棉花糖
流着口水

小黑熊树后暗自好笑
从家拿出一支棉花糖
递给小兔

小兔脸红了
笑着说：
"怪不得天上少了一朵棉花糖！"

2005年5月14日

09

书名

中国桥梁建设新进展(1991—)(中英文双解)

出版

东南大学出版社

设计

瀚清堂 · 赵清 周伟伟

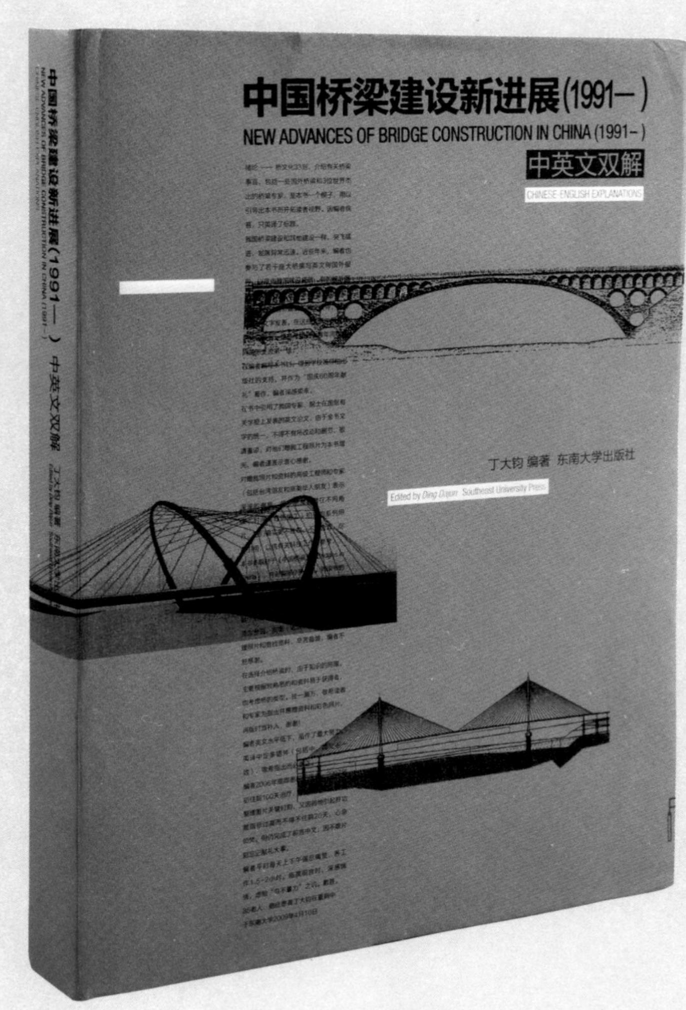

评语

书籍整体设计体现了“跨越”的概念。封面的水波纹线，一直延伸至环衬及内页，长长短短极具形式感的水波纹贯穿其中，将桥的跨越感表达得淋漓尽致。护封采用折叠的方式，展开后是一张完整的海报，形式新颖。书籍采用刀版、拉页等工艺，切口处将书中章节通过纸张的颜色、阶梯状色块来划分，易于翻阅，形式感极强。每个章节处根据不同桥的形态进行设计。书中大量采用跨页整幅桥梁美景图片来增加视觉冲击力，使得章节之间充满节奏感。版式设计将中英文分开，中文背面，英文正面，并以黑色和蓝色加以区分，易于读者阅读。

Synopsis
This book involves 2 parts, among which the "bridge culture" is titled as "introduction" and put in the 1st place of volume, in which some Chinese antique bridges, the bridges completed before 1991 and have been designed but without construction or just constructed, as well as some special bridges, also some foreign famous bridges are involved and some things of 3 outstanding experts on bridge and the relation between them and the Editor are mentioned. In the main body of this book, more than 40 bridges with various types (including those in Hong Kong and Taiwan) completed in 1991 and later on are introduced, among which some are worldwide records or were. In this book there are enumerated a lot of coloured engineering photos, courtesy of friends from all sides. So this book can be referred by relative technical and researching personals, also may provide the reference for relative leaders as they make policy.

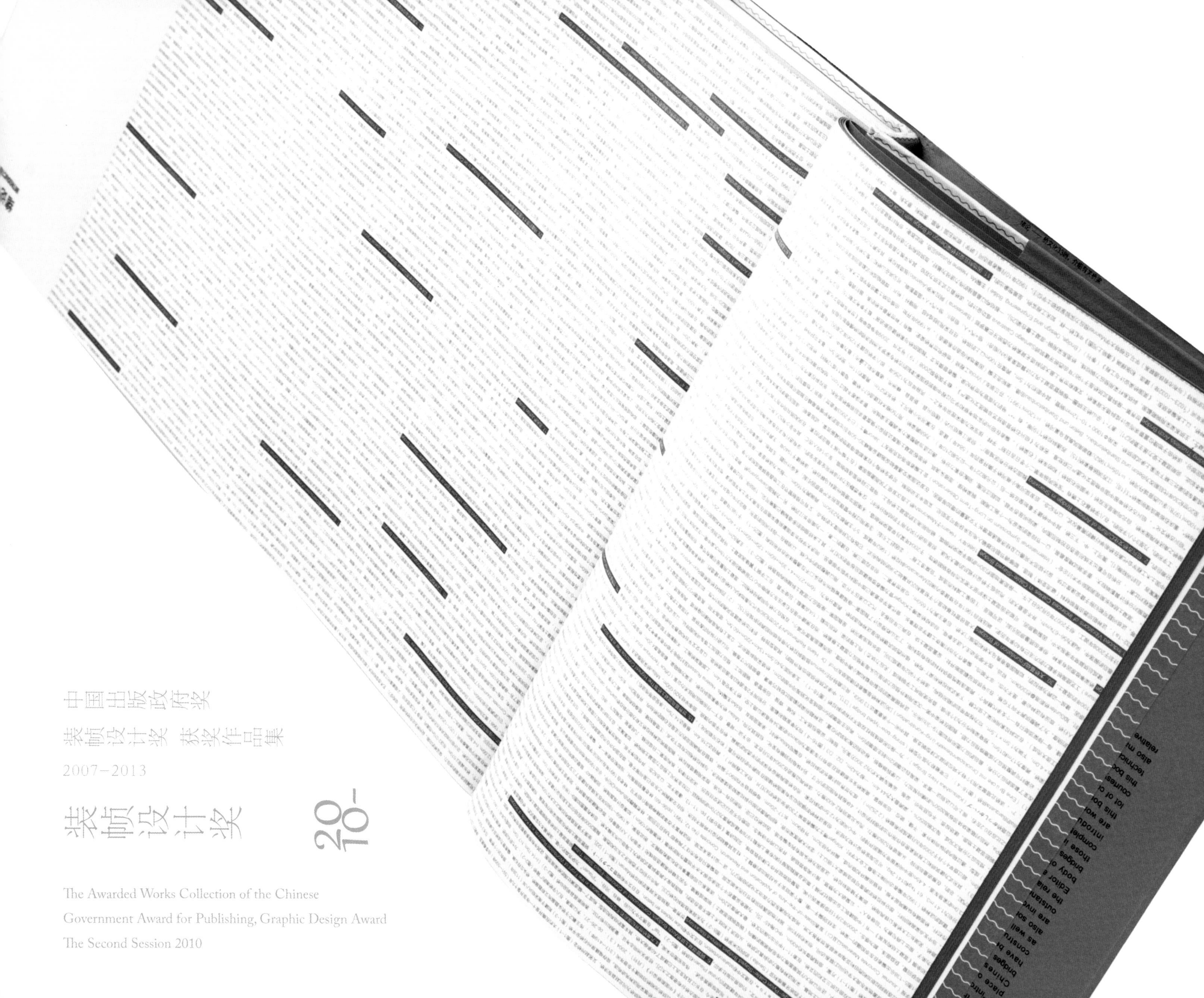
中国出版政府奖
装帧设计奖 获奖作品集
2007–2013
装帧设计奖
2010-
The Awarded Works Collection of the Chinese
Government Award for Publishing, Graphic Design Award
The Second Session 2010

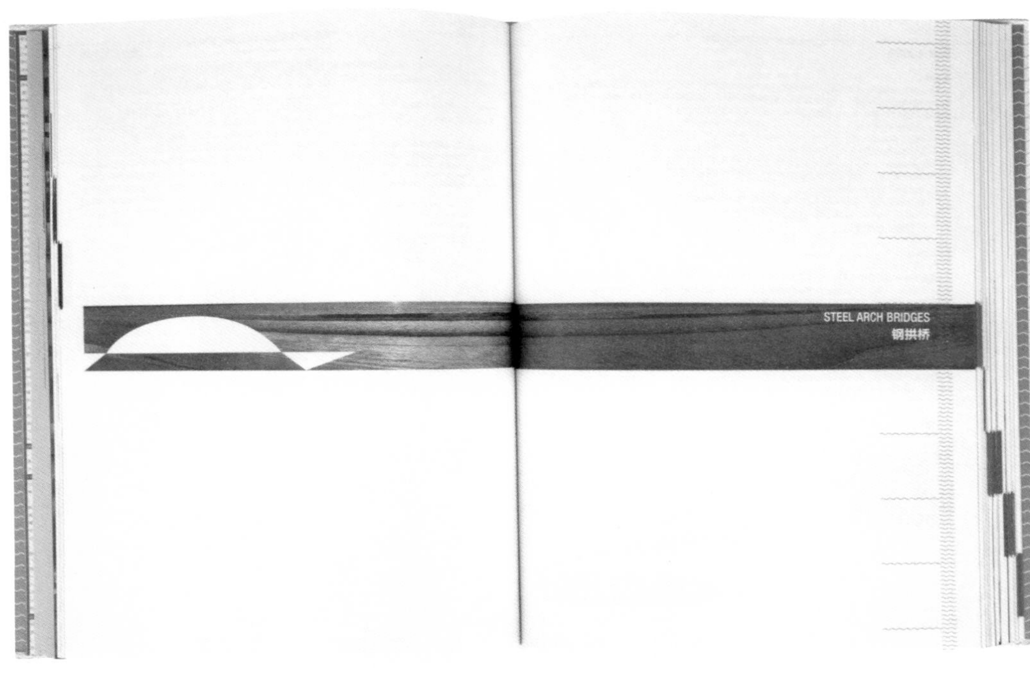
STEEL ARCH BRIDGES
钢拱桥

4. 九类桥世界纪录前若干位
4. Some Places in the Front of Worldwide Records

广西邕宁中承式钢筋混凝土拱桥

Guangxi Yongning Through-Deck Arch Bridge

10

书名

好好玩泡泡书

出版

安徽少年儿童出版社

设计

唐悦

评语

这是一套典型的玩具书，适合0～6岁启蒙学习阶段的儿童阅读，根据低年龄段孩子爱玩的天性，借玩具的功能增加图书的趣味性，从而达到引领孩子由玩到读，由浅读到深读，最终达到让孩子自然亲近书籍、爱上阅读的目的。

全套书籍选材摆脱传统纸张材质，采用柔软环保的EVA泡沫材料，安全无毒，手感柔软。胶装固定形式使书脊经久耐磨，不易变形。书籍封面采用多层次粘贴，造型可爱，为儿童喜闻乐见。内文选取中国童话故事的经典佳作，语言干净、简练、引人入胜，便于家长娓娓道来，编写符合儿童的语言发展规律；插图讲究、色彩艳丽、制作精美，有效刺激了儿童视觉。

简洁的文字、精美的图画、玩具般的造型珠联璧合，使孩子从小就对经典名作产生浓厚的兴趣，从富含哲理和智慧的文化精髓中吸取养料，受用终身。

中国出版政府奖

装帧设计奖 获奖作品集

2007—2013

装帧设计奖

The Awarded Works Collection of the Chinese
Government Award for Publishing, Graphic Design Award
The Second Session 2010

2010-

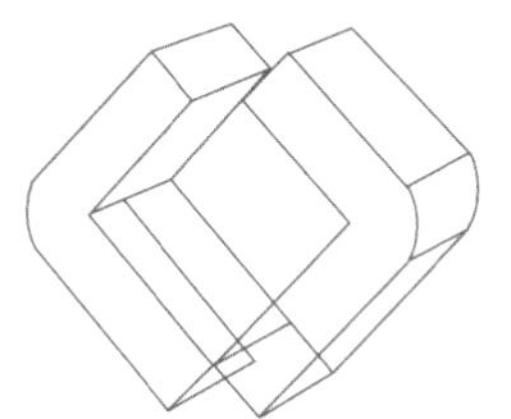

中国出版政府奖

装帧设计提名奖

2010-

01

书名

中国侗族在三江

出版

人民美术出版社

哈珀·柯林斯出版集团

设计

杨会来

评语

本书设计以体现侗族民族特色为首要因素，以平实淳朴的表现手法，图说丰富多彩的侗族文化。

封面以藏蓝色为基调，以极具代表性的“侗乡第一楼”摄影图像作主图，四周环绕民族特色装饰纹样，烫银工艺精致细腻，地域性浓厚，民族韵味十足。内文500余幅图片配以精美文字，详尽述说着侗族文化的久远历史，讲述着侗族人民喜洋洋的现代故事，真实展现了中国三江侗族醉人的自然风光和独特的民俗风情。版式设计在兼顾侗族文化整体性的基础上，多角度展现各个文化侧面，主旨突出，侗族特色文化得到全方位展示和推介。

Chinese Dong Ethnic Group in Sanjiang
中国侗族
在三江
中国侗族在三江
HarperCollinsPublishers

中国出版政府奖
装帧设计奖 获奖作品集
2007–2013

装帧设计提名奖

The Awarded Works Collection of the Chinese
Government Award for Publishing, Graphic Design Award
The Second Session 2010

2010-

02

书名

李味青花鸟画

出版

荣宝斋出版社

设计

速泰熙

评语

书中收录了中国传统大写意花鸟画最杰出的代表李味青的稀世珍品。

本书首次采用中国传统普通宣纸（未经任何特殊处理）、进口颜料型墨水，运用高科技影像复制技术印制而成。书中作品与原作几无差异，近于逼真，图像具有百年不褪色、不变色的品质。书籍装帧采用糙面特种纸裱糊的封套与木质封面结合而成，中轴式对称方式凸显传统书卷气息。内页版式大面积的空间余白，以虚带实，画面呈现出典雅、庄重之感。

中文说明采用中国传统竖排方式，在保证阅读顺畅的前提下，突出中国文字版式之美感。

李味青花鳥畫

李味青艺术简介

装帧设计提名奖

2010-

03

书名

中国富宁壮族坡芽歌书

出版

民族出版社

设计

吾要

评语

本书是壮族爱情组歌的汉注译本，也是一部少见且难得的具有重要史料价值的歌书。

书籍设计独到，印装精致，插图精良，细节考究。歌书形态自然质朴，视觉意象强烈，体现了独特的视觉美感与原生态再现的设计理念，为《坡芽歌书》的“文字之芽”营造出具有完整生存空间的书籍形态。封面运用本色亚麻布毛边材料，凸显其气质，绘于白布上的赭石色歌谱强烈明快，符号化的语言似挽歌恣意流淌。扉页前的增加页采用烫透纸烫压的歌谱符号，使书籍美感和生命力得以在设计中提升。版式设计选用“一对情人”的剪影符号贯穿始终，大幅跨度象征那片土地的空旷悠远。随书搭配的歌谱册再传蕴意。

装帧设计提名奖

2010-

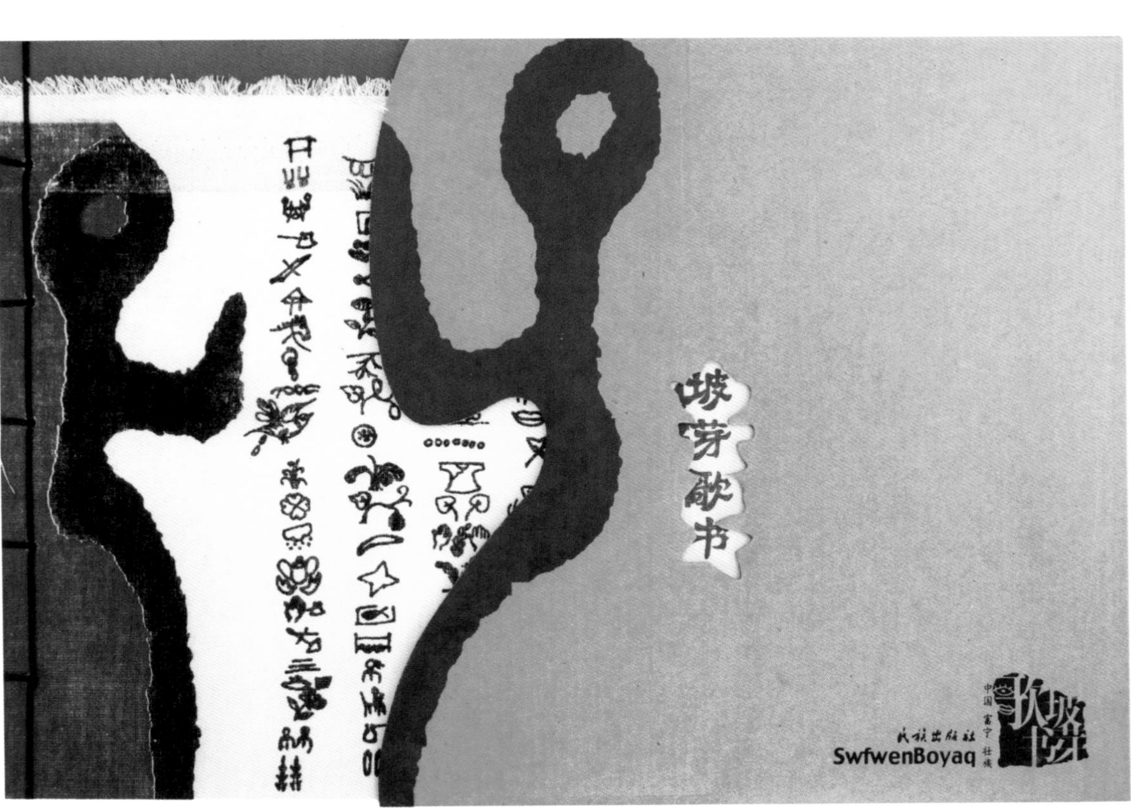

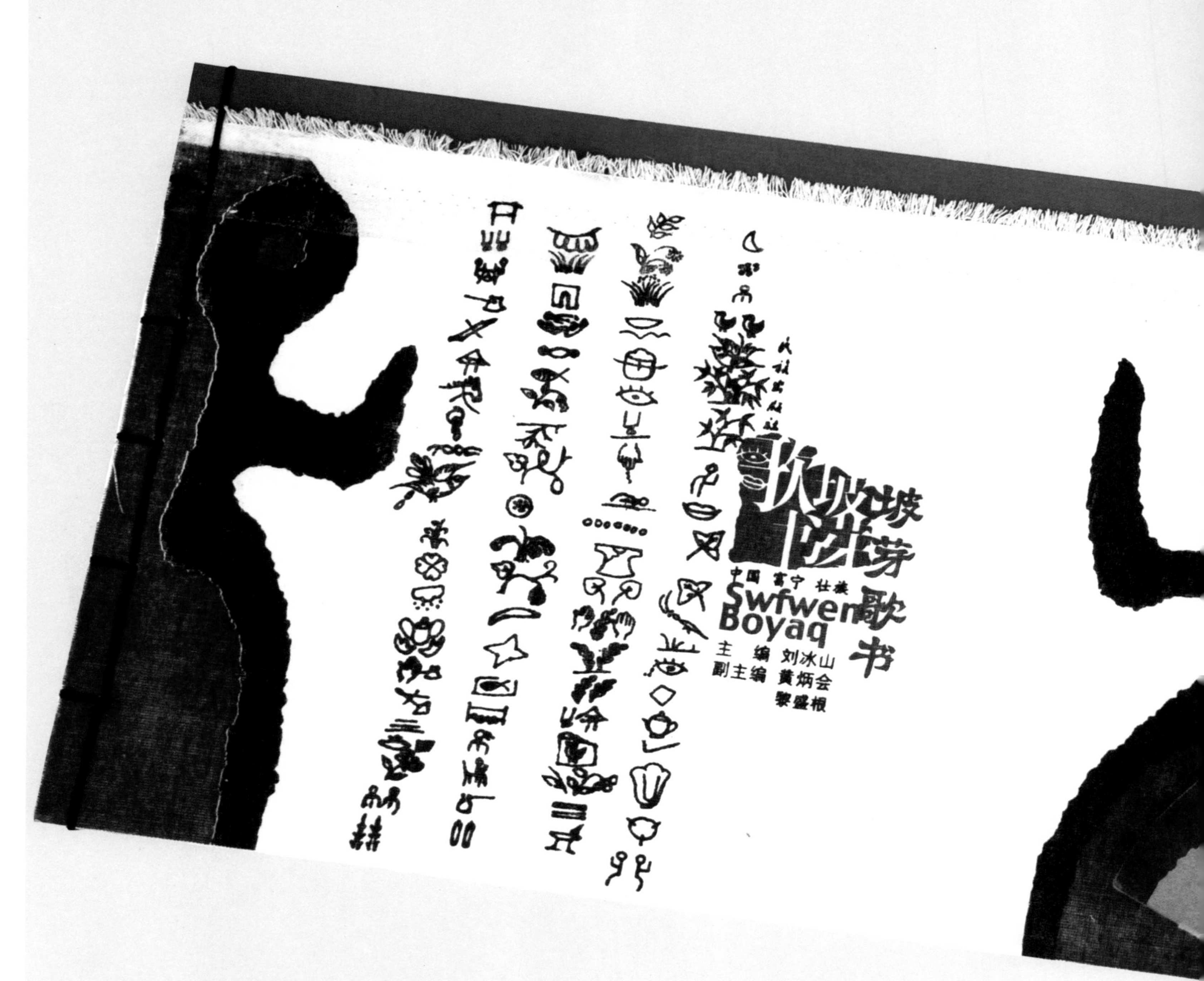

坡芽歌书
中国 富宁 壮族
Swfwen Boyaq
主 编 刘冰山
副主编 黄炳会
黎盛根

04

书名

庄学本全集

出版

中华书局

设计

广州王序设计有限公司

评语

本全集收录目前所能收集到的庄学本从 1934 年至 20 世纪 50 年代进行民族考察和民族摄影所拍摄的 3000 多张照片，他在考察过程中所写的全部旅行日记，以及部分考察报告、游记等。

这本全集以庄学本考察的时间顺序，按专题编次。本书开本采用方形，恰好对应庄学本当年所用的罗莱佛莱克斯 6cm×6cm 画幅。扉页设计中插入仿当年庄学本所用的摄影底片资料袋，创意独具又准确自然。小纸袋里有与封面相同复制的 6cm×6cm 黑白底片一张。这些细节使本书作为摄影家的创作全集具有极高的史料价值。内文版式设计不拘一格，结合旅行日记与考察报告的直观感受，呈现出川、甘、青、滇民族地区古朴的地域特色。极具怀旧感的内页纸张更加突出内容的沧桑感和历史感。

2010-
莊學本全集
上册
中華書局

莊學本全集
下册
中華書局

装帧设计提名奖

2010-

05

书名

灵魂深处的乐思——西方音乐与观念

出版

生活·读书·新知三联书店

设计

蔡立国

评语

本书整体设计平和而典雅，将西方音乐与观念娓娓道来，恰似灵魂深处浓烈的感悟与敏锐的哲思。富有浓郁西方古典韵味的纯净设计，使读者充分感受音乐之美、书籍之美。复古淡雅的主色调与内文的柔美雅致相得益彰。内文从“观念”而非惯常所讲的“知识”和“技术”入手来解析西方音乐，昭示西方文明背景中音乐与文化的必然联系。

吕建强 著

灵魂深处的乐思

——西方音乐与观念

06

书名

中华五色

出版

江苏美术出版社

设计

卢浩　陆鸿雁

评语

本书采用注文的形式，以古文献为注文主体，对五色系统进行深入的挖掘整理，为色彩史研究及当今和未来的人类行为模式提供了深刻的启迪。

书籍的外装、封面、内文等均采用独特形式，具有浓厚的中国传统文化底蕴。书籍在传统精装基础上调整裱板方式，封面、封底采用单独细密纸材裱板，书脊以皮质贴合，标题文字采用烫金工艺，并横向贯穿五条彩色细线，工艺精美，设计独到。封面呈黑色古调，以五个彩色镂空圆点规律点缀，既精致简练，又细腻精巧。

装帧设计提名奖

2010-

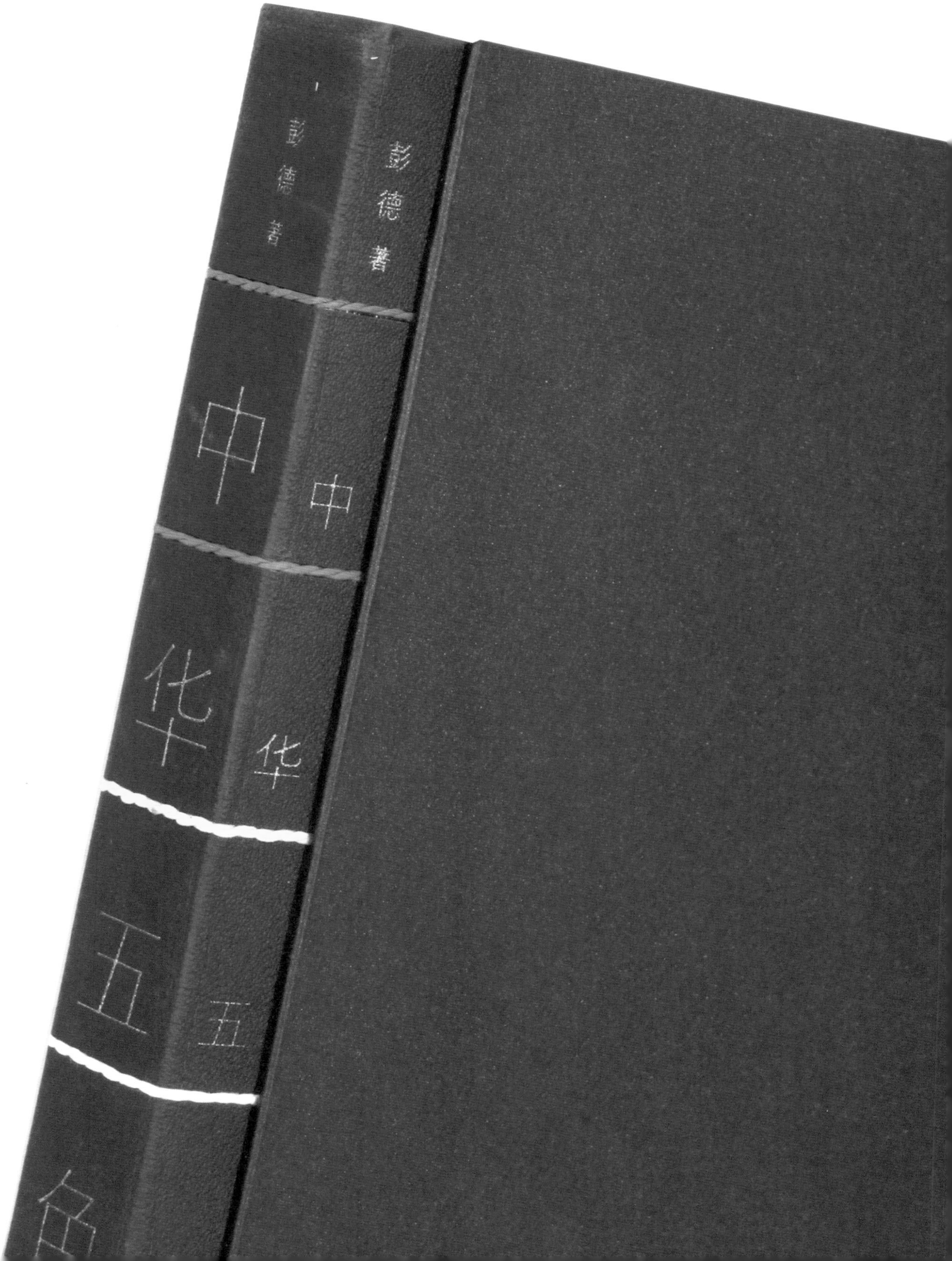

07

书名

星火燎原全集（精装本）

出版

解放军出版社

设计

唐岩

评语

本书是唯一一部由毛泽东题写书名、朱德作序、530余位开国元勋撰写的传世经典的大型革命史料丛书。

挺拔而干练的设计将这一“红色家谱”凸显得伟岸不群，细腻深沉。护封选用红色纸张压凹简单纹理，凸显革命重量感；标题字烫金处理，醒目大气，塑造出璀璨的史诗光芒。封面裱糊金色纸张压凹文字，生动地诠释丛书历史存续价值。内文采用纪实与抒情一体化的风格，文风淳朴，情感真挚，版式得体，具有很高的艺术审美价值。书籍整体设计进一步提升了本书内涵，弘扬了发生在中国大地上的革命英雄主义群体的生命观。

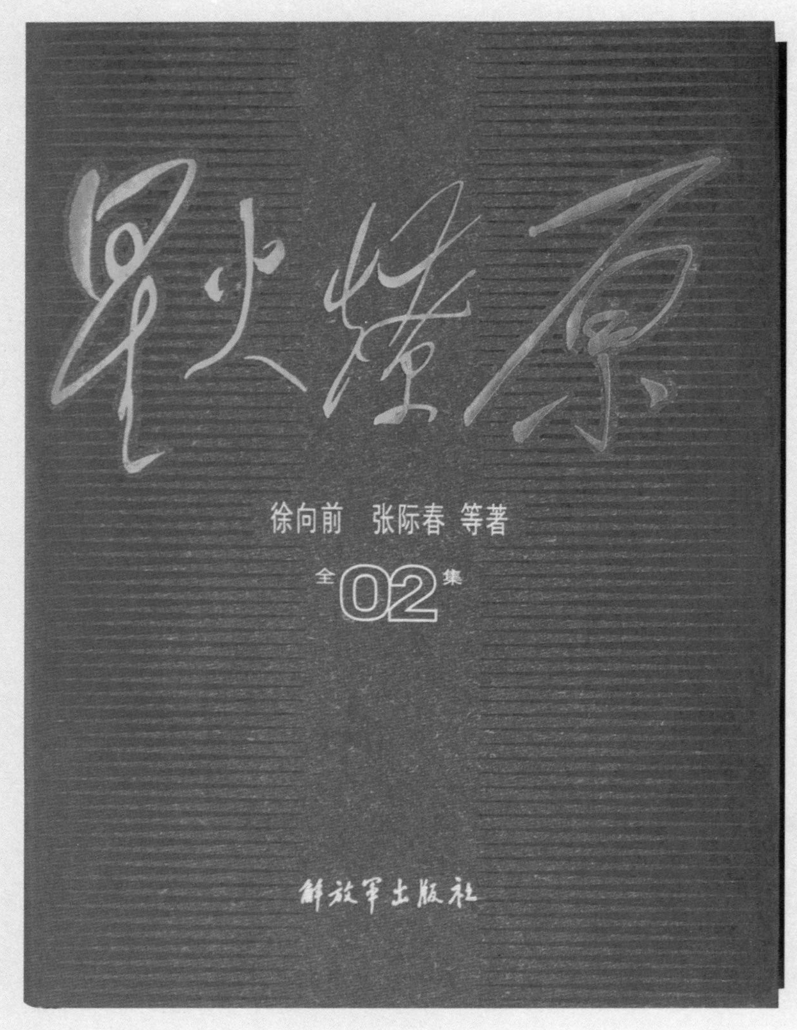

中国出版政府奖
装帧设计奖 获奖作品集
2007–2013

装帧设计提名奖

The Awarded Works Collection of the Chinese Government Award for Publishing, Graphic Design Award

The Second Session 2010

2010-

装帧设计提名奖

2010-

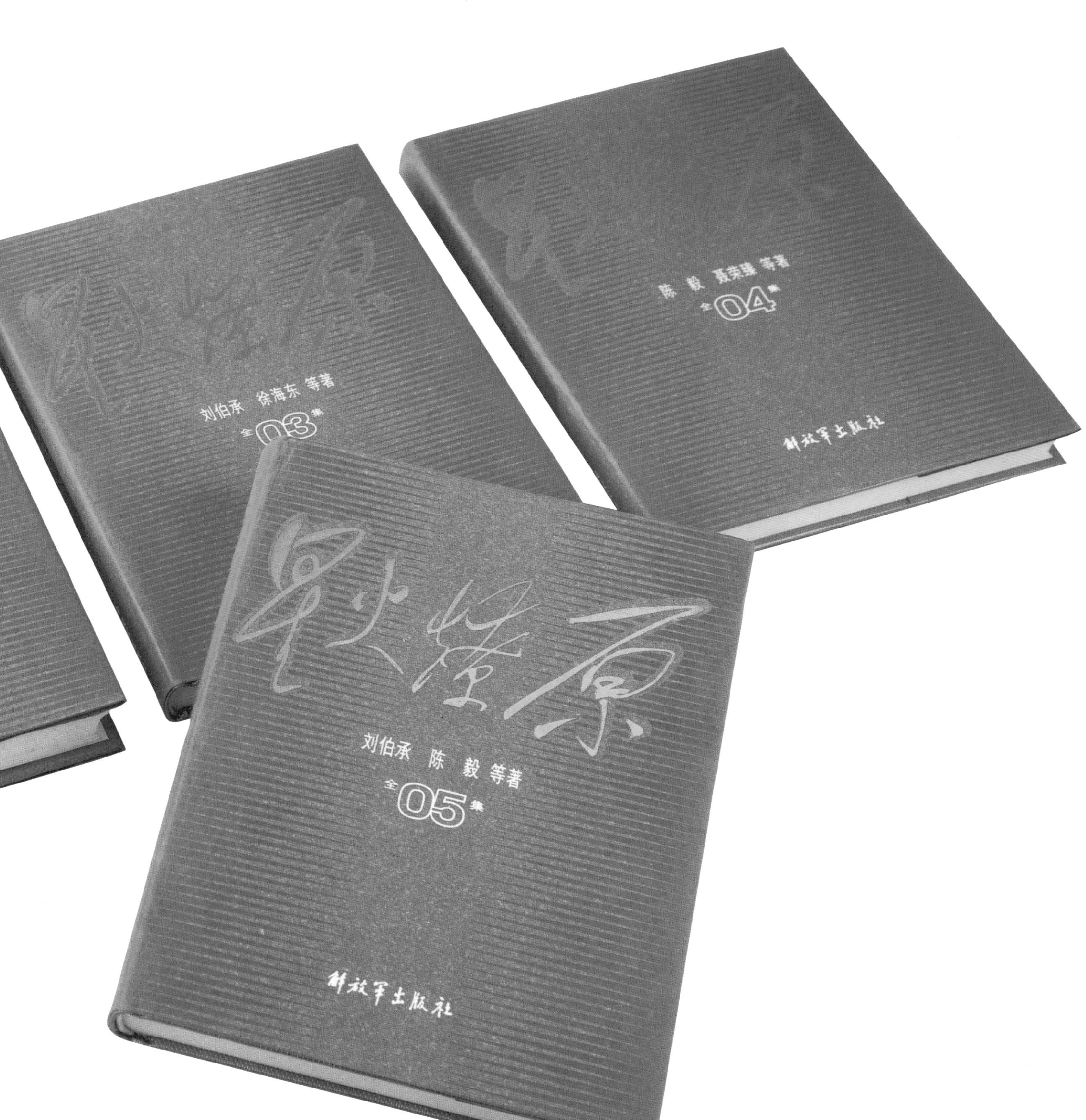
星火燎原
刘伯承 徐海东 等著
全03集
陈 毅 聂荣臻 等著
全04集
解放军出版社
星火燎原
刘伯承 陈 毅 等著
全05集
解放军出版社

书名

西部地理——甘肃印象

出版

浙江大学出版社

设计

程晨

评语

本书以电视片《西部地理——甘肃篇》为基本素材，以图片的形式展现甘肃的地理环境、自然风光、民族风情和人文特色。

全书分为两部分：上篇——河西走廊，下篇——甘南。书籍腰封设计承载大量文字信息，丰富有序、构图饱满、主次分明、富有趣味性，使人联想到即将开启一趟寻找古老文明的活力之旅。

封面选用银色特种纸，文字镭射烫银工艺，唤起读者对穿透时空的梦想。内页以黄色为基调，图文颜色和谐凝重，不同板块风格统一略有变化，黄土气息浓厚，充分体现出西部甘肃黄尘深处的人文情怀与地域特色。

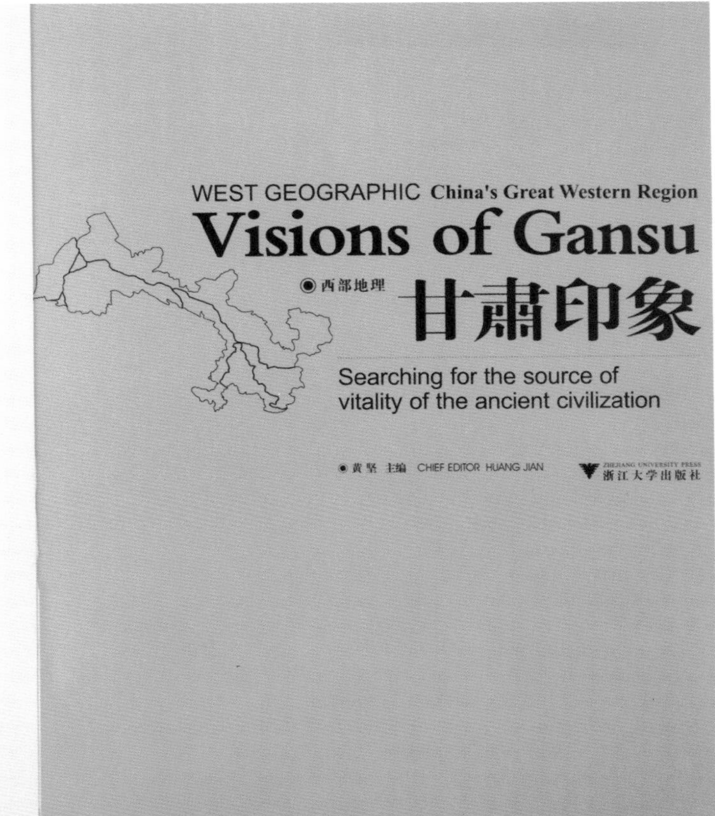
WEST GEOGRAPHIC China's Great Western Region
Visions of Gansu
西部地理
甘肃印象
Searching for the source of vitality of the ancient civilization
黄坚 主编 CHIEF EDITOR HUANG JIAN
浙江大学出版社

West GEOGRAPHIC Gansu Visions of Gansu
WEST GEOGRAPHIC
Visions of Gansu

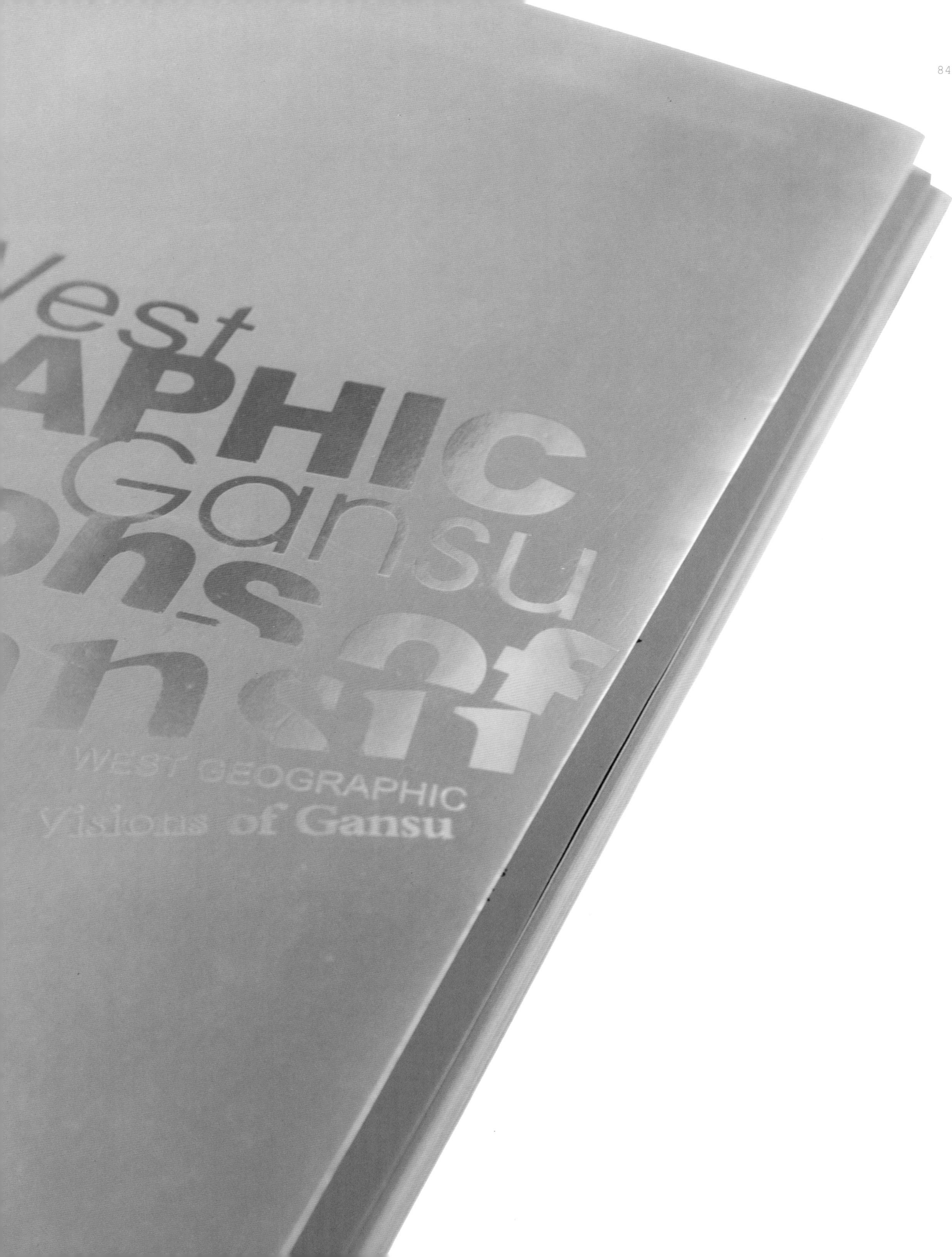

West
GRAPHIC
Gansu
WEST GEOGRAPHIC
Visions of Gansu

装帧设计提名奖

2010-

The Hexi Corridor
from the Arm of Han Wu Emperor to the Chest of China
河西走廊
从汉武帝的臂膀到中国的胸膛

The Ming Great Wall in Gansu
甘肃明长城

09

书 名

辞源（纪念版）

出 版

商务印书馆

设 计

姜樑　季元

评 语

《辞源》是中国最大的一部古汉语辞典。修订本、纪念版的《辞源》内容丰富，极为充实广博。除大量的字词释义外，对于艺文、故实、曲章、制度、人名、地名、书名，以及天文星象、医术、技术、花鸟虫鱼等也兼收并蓄，熔词汇、百科于一炉，既体现了工具性和知识性，又兼顾了可读性。

书籍的整体设计充分体现了汉文化语言的特点，是典型的传统与现代结合的优秀设计作品。其设计语言传承了中国汉语文化的精神内涵，图形、元素、表现形式均符合中国传统文化的主体。印刷工艺选择金与激凸，将现代工艺与传统古典的布面材质结合，凸显古典与现代的融合之美。是一部兼具美感与功能性的工具书。

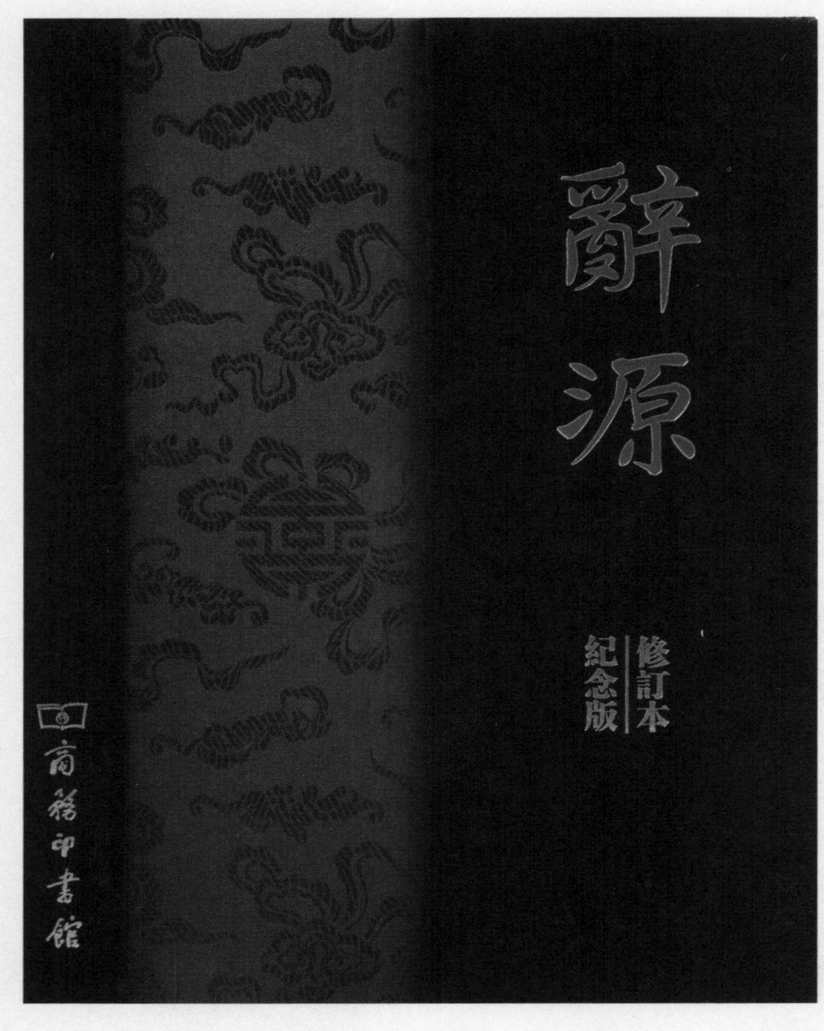

装帧设计提名奖

2010-

中国出版政府奖
装帧设计奖 获奖作品集
2007—2013

装帧设计提名奖

The Awarded Works Collection of the Chinese Government Award for Publishing, Graphic Design Award The Second Session 2010

2010-

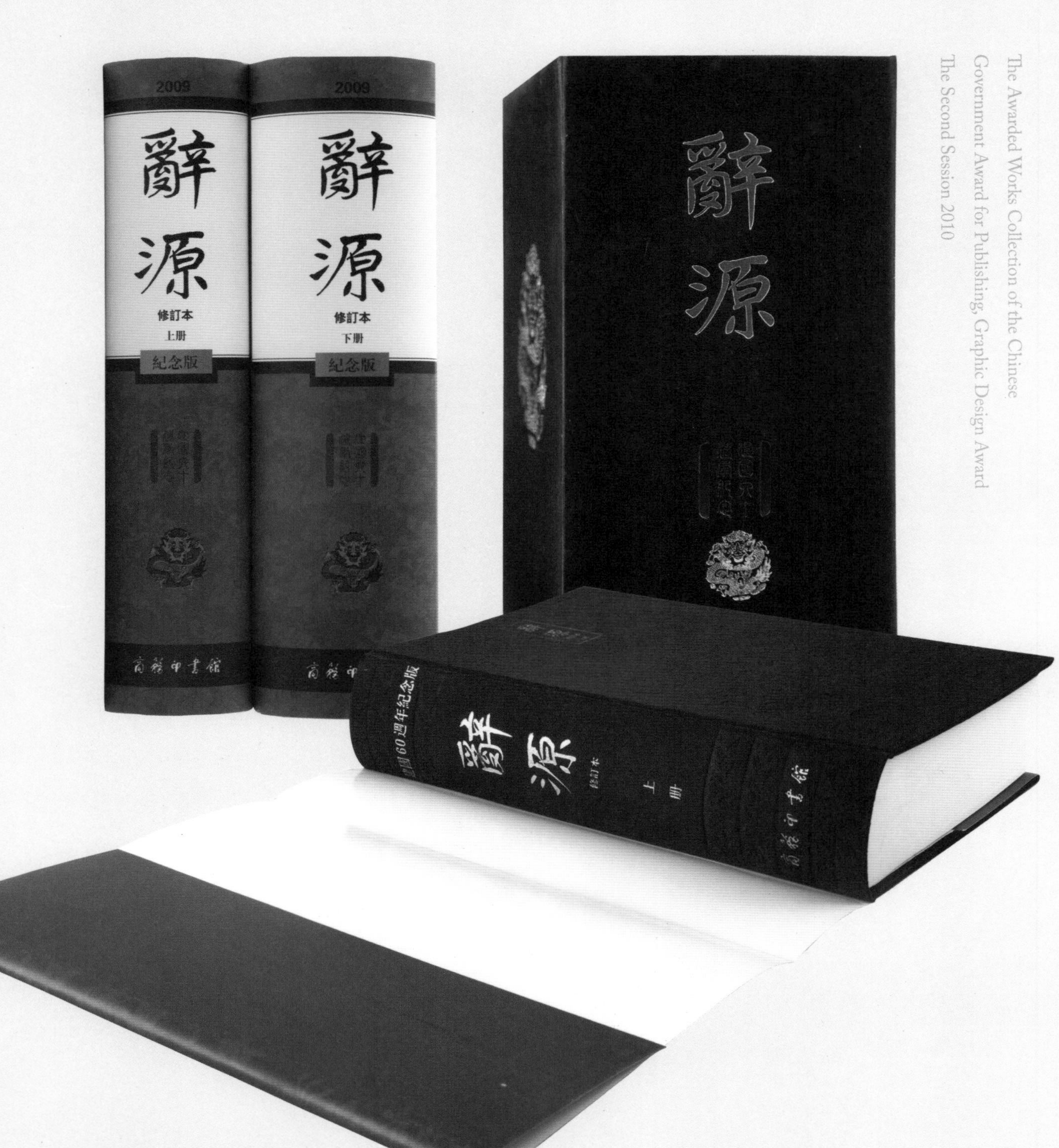

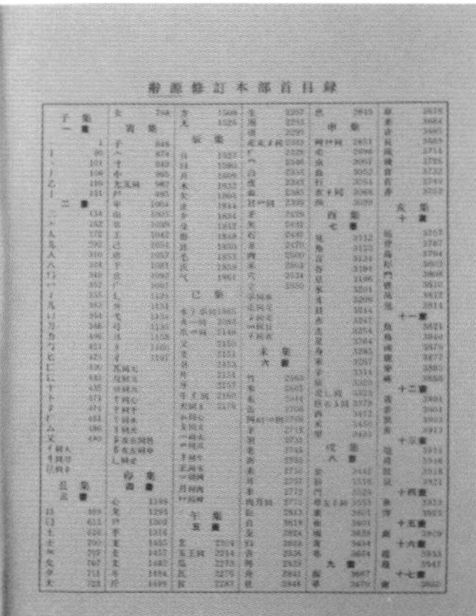

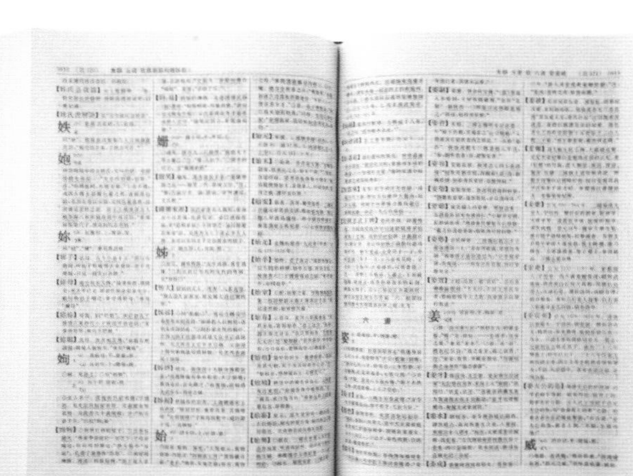

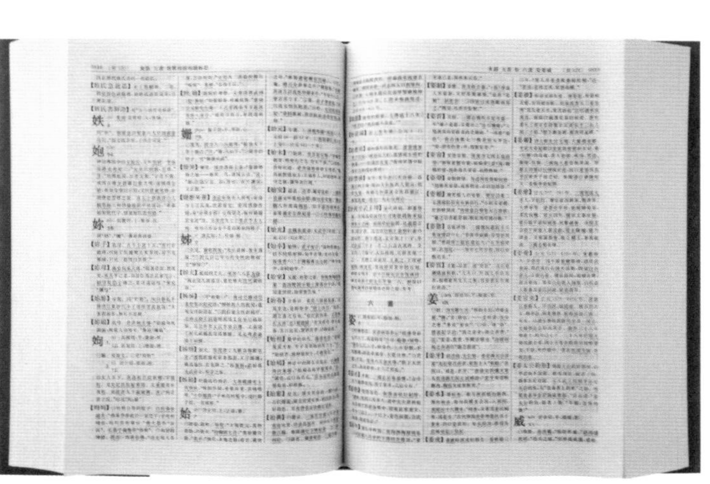

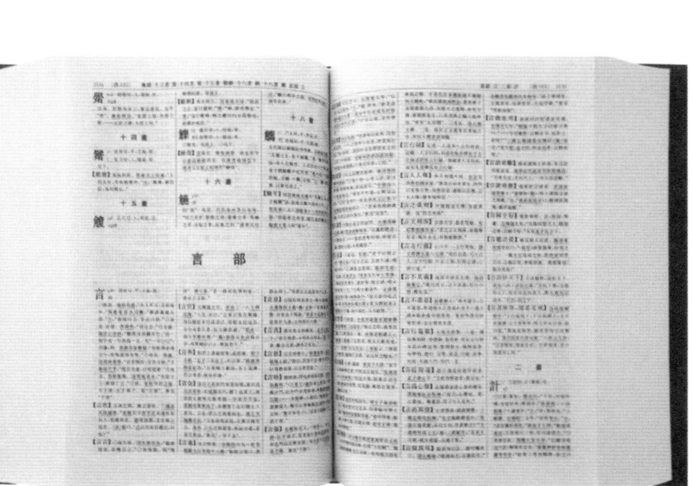

10

书名

秦始皇帝陵

出版

文物出版社

设计

蒋艳

评语

书籍的整体设计在形式上采用中国秦代的书籍形式——“简书”的意向。在内文版式上采用红线串联、纵向版式分块的分栏方法，将图文版式巧妙地融入中国传统简书的形式之中。外封采用富有变化的硬封圆脊形式，以红线连接封底两块裱板，从形式上契合“简书”的装帧。在文字方面，中文说明采用中国传统竖排方式，英文采用横排方式，在保证阅读顺畅的前提下，突出中国文字的版式美感。内文中采用一些秦代统一中国的文字——小篆作为装饰，让读者能充分感受到古老的汉字之美。封面图案选择秦始皇陵整体平面图作为元素，根据发掘现状作不同部分的压凹、起凸，力图展现秦陵的原始全貌，将丰富的内容寓于表面平常的封面之下。内页的图片编排采用了大量的黑底，突出庄重严肃之感，充分吻合书籍的主题理念。

秦始皇帝陵
Mausoleum of Emperor Qin Shihuang
EMPEROR QIN SHIHUANG'S TERRACOTTA ARMY MUSEUM
秦始皇兵马俑博物馆／编
文物出版社

秦始皇帝陵
Mausoleum of Emperor Qin Shihuang

二号车上一条铜辔索的末端有朱书文字「安车第一」，因此二号车又称为安车。从二号车装饰华丽的外表可以看出，它应该是一辆华贵的大型安车。与一号车不同的是，二号车车舆平面呈「凸」字形，通长124厘米，分为前后两室，前室较小，车舆内御手跪坐驾车，舆宽35厘米，进深36.2厘米，面积仅有后室的五分之大小。后室较大，宽78厘米，进深88厘米。车舆上有一个近似于龟甲形状的篷盖，把前后两室罩在车篷盖下面。车上有窗有门，三个窗户分别在车舆的两侧和前后室之间的隔板上，车舆后面开有车门，门窗均可自由开合。舆内铺有类似软垫式的厚茵，坐卧均较舒适。车上还有铜折巾、铜方壶等物件。

二号车（安车）

Bronze Chariot No.2 (*Anche*)
Full length: 317.00cm; full height: 106.20cm;
total weight: 1241.00kg
Pit for bronze chariots west of the mausoleum of
Emperor Qin Shihuang

壹

铜车马的修复

贰

铜车马的彩绘

中国出版政府奖

装帧设计奖 获奖作品集

2007–2013

装帧设计提名奖

The Awarded Works Collection of the Chinese Government Award for Publishing, Graphic Design Award

The Second Session 2010

2010-

11

书名

建筑学术文库——现代思想中的建筑

出版

中国水利水电出版社

设计

王鹏

评语

白色统领了这本书的设计基调。腰封设计为黑白淡调，近似于无的处理与固有的黑白内文的编排设计良好融合。设计者利用低克重纸张的特点，巧妙透叠背面的单色印刷，形成折叠后重组的隐透效果。结合现代西式的构成设计学法则，严谨活泼，庄严不失趣味，充分体现了建筑空间分割艺术的特性。

封面书名采用烫印手法，醒目庄重。居于扉页之前的卷首页，使用了作者平日案头上最为普通的手写纸块作为设计元素，拉近了作者与读者的距离，营造出亲和的氛围。

内文设计大面积合理留白，契合建筑的空间概念，节奏协调，有跳跃感，使读者不会产生阅读理论书籍时常有的乏味。

装帧设计提名奖

2010-

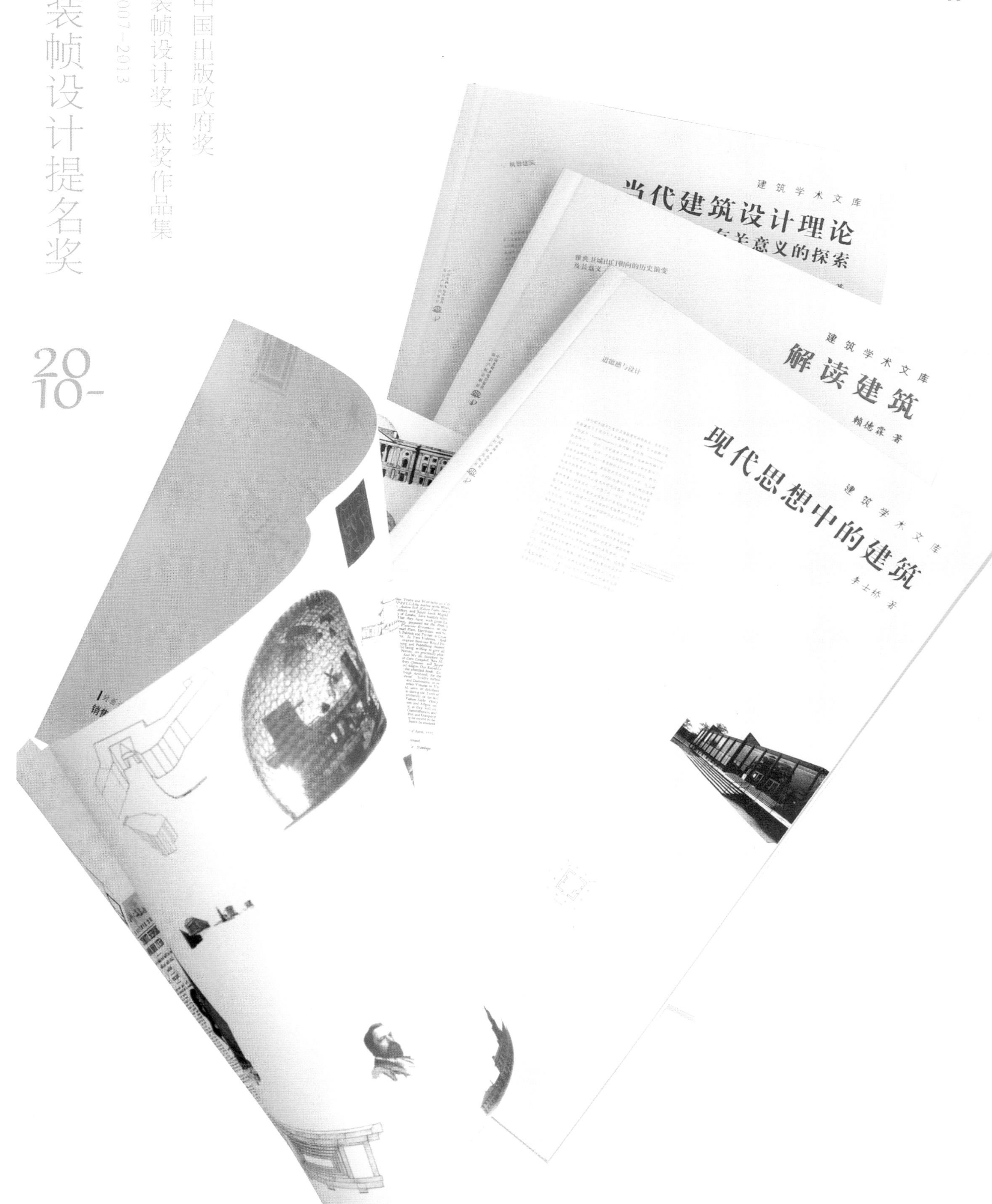

建筑学术文库

现代思想中的建筑

李士桥 著

12

书名

广州沉香笔记

出版

广东人民出版社

设计

袁银昌

评语

本书的整体设计与其传达出的文本意蕴浑然一体，将对旧广州浓烈而精微的眷恋通过文字与色调统一在暖灰色的怀旧氛围中。花枝图形仿若藤蔓自封底穿过书脊延至封面，烘托并萦绕着书名。枝蔓烫金的处理与白色碎花相结合，静中有动，花香赋情，宛若梦境，心旷神怡。

内文排版整体呈现清新淡雅的阅读感，内文穿插水墨插图，与封面整体色调相呼应，使得旧广州独特的城市魅力与作者经年来对广州历史的深切契入之情呼之欲出。

2

佛在等待木屐声由远及近地到来。

采花女们总是在天未亮的时候就到花田里来了。借着熹微的晨光，她们看见一大片一大片饱蘸雨水的花骨朵，像一团团模糊的白色的影子，在黎明的雨雾中清香四溢。这些等待开放的花朵，让这个早上的空气变得那么柔和，那么让人留恋。

[illegible]的采花女们手脚麻利地摘下这些雪白的花骨朵，装进竹篮，再在竹篮上盖上湿布。在送进城里之前，这些花骨朵是不能晒太阳的，因为它们一见阳光，就会迫不及待地开放。

她们得赶紧把这些花儿送到花渡头去。

【花笺之二】

花渡头是在[illegible]南岸的一个码头。每天早上，这里站满了从各处赶来的花贩。

花渡头，多好听的名字。可是，我们今天已经找不到它了。很久以前的那些早晨，码头的青石板路上总是散落着星星点点的白色小花，在人群散去之后，它们很快也就被流水冲走了。

花渡头也被时光的流水冲走了。

遥想当年，码头上堆满一筐筐白色的素馨花，花香夹着雨气，在清晨的空气里一点点地渗透开来。穿木屐的采花女帮着花贩把刚采下的花儿装上小舟，然后，她们就站在码头上，看着这些被雪白的小花簇拥着的小舟慢慢地驶远。

每天早晨，码头上都有数千筐素馨花被装上小舟运进城里。那样的时刻，珠江水都是透着清香的。

如果花渡头还在的话，我真想在某个雨后的早晨去那里走一走。也许，素馨花的余香会从时光的深处，一点点地飘过来的。

素馨花开放的时候，正逢南方的雨季，细小如珠的花骨朵被雨水浸润着，花心里满含暗香。每个清晨，它们都在黎明的幽暗中小心地静默着，仿佛在等待木屐声由远及近地到来。

158

紫 荆 花

她已经不能忘怀那树每天早上与她迎面相逢的紫荆花。虽然好久都不走那条路了，虽然春天过去已久。

是在环市东路的立交桥上。每天早上，从公车上下来，上桥，拐弯，总等待那“哗”的一下，一树繁花倾泻在她的眼前，让她的心在一瞬间“怦怦”直跳。这种突如其来的春天的馈赠让她觉得太隆重热烈，似乎是不应该在一个普通的早晨出现的。它没有序曲，没有过渡，直接抵达高潮。

接下来她会想：这是春天的早上呀，总该会有奇迹发生吧。紫荆花盛开的日子，会有什么事情发生吗？

其实，春天早已开始从容不迫地在这座城市铺排它的种种细节了。早上倚在车窗前，她看见满城的树都在泛出新绿，那些新绽出的晶亮的新芽，透过早晨的阳光，她几乎可以触摸到它细细的绒毛。她忍不住屏住呼吸，好像害怕把它们婴儿般的睡眠吵醒。

每天她都会在这树繁花之下停留一会儿。它是什么时候开花的呢？似乎从来没有注意过，直到这一树繁花把她从懵懂中唤醒。这时候她才发现，在环市东路的道路两旁，种的都是紫荆花。花开的日子，长长的枝叶缠绵垂下，紫红的花瓣密密匝匝，那种繁复的美丽，有时候真是让人晕眩。站在这样的花树之下，忍不住想：如果春天都不能晕眩一次，这座城市还能让人住得下去吗？

后来，她又发现，在这座城市里，从春天到夏天，从秋天到冬天，几乎一年四季都可以看到盛开的紫荆花。她去查了一下植物图典，才知道，原来紫荆花也有好多种。在春天里开花的是羊蹄甲，在秋天里开花的是洋紫荆，而接下来直到第二年三月还在盛开的是艳紫荆。这些艳丽的花儿，一年四季像轮换值班一般，在这座城市的街头，提醒着生命中

这是春天的早上呀，总该会有奇迹发生吧、紫荆花盛开的日子，会有什么事情发生吗？

【花笺之五】

【花笺之五】

中国出版政府奖
装帧设计奖 获奖作品集
2007—2013

装帧设计提名奖

2010-

The Awarded Works Collection of the Chinese
Government Award for Publishing, Graphic Design Award
The Second Session 2010

13

书名

纯影

出版

四川美术出版社

设计

杨红义

评语

书籍采用极简设计，简约精致，格调高雅。函套裱糊灰色亚麻布，烫印黑色文字，与封面白色纸面协调统一，黑、白、灰之间比例的应用凸显形式美的法则，考究雅致。

书籍整体设计将纯影的理念贯彻始终，读来清新且一气呵成。

Pure Scenery/純影
四川出版集团·四川美术出版社

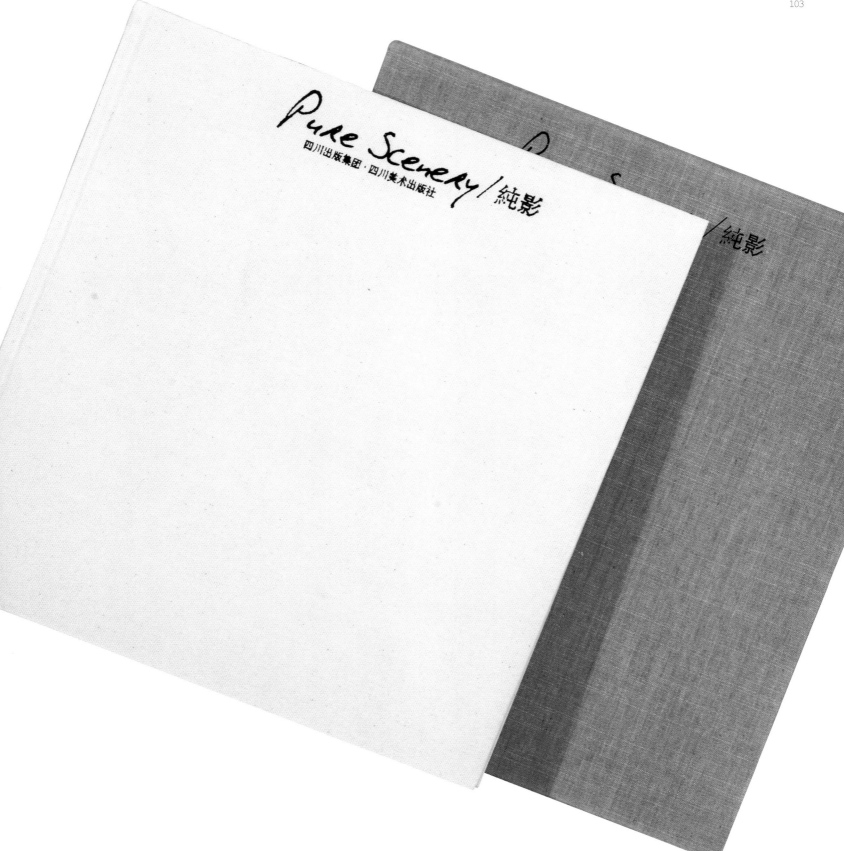
Pure Scenery/純影
四川出版集团·四川美术出版社
純影

Pure Scenery/純影

四川出版集团·四川美术出版社

/純影

中国出版政府奖
装帧设计奖 获奖作品集
2007–2013

装帧设计提名奖

The Awarded Works Collection of the Chinese
Government Award for Publishing, Graphic Design Award
The Second Session 2010

2010-

14

书名

中国贵州民族民间美术全集

出版

贵州人民出版社

设计

张世申

评语

本书详细介绍了有关贵州傩戏面具的相关知识。

函盒设计端庄、大方，横排居中的标题文字采用篆书书写，表面赋予 UV 印刷工艺；下面“傩面”竖排居中于画面，采用镂空工艺，透出书籍封面的傩面图案，传达出面具的神秘色彩。封面设计采用傩戏面具的图案，放大局部作为背景，画面左下角的“傩面”字形用烫银工艺表现，背景的暗色面具图案与赋予 UV 工艺的彩色面具形成对比强烈，产生浓重的视觉效果。内封采用深蓝色帆布裱糊的工艺，在此基础上采用烫白的工艺，凸显中国传统民族特色。护封与内封的强烈对比，凸显面具朴拙不雕、浑然大气的民间特色。图片编排采用大量黑底，突出面具的怪诞与神秘之感，页与页之间产生强烈的节奏感，充分吻合书籍的主题设计理念。

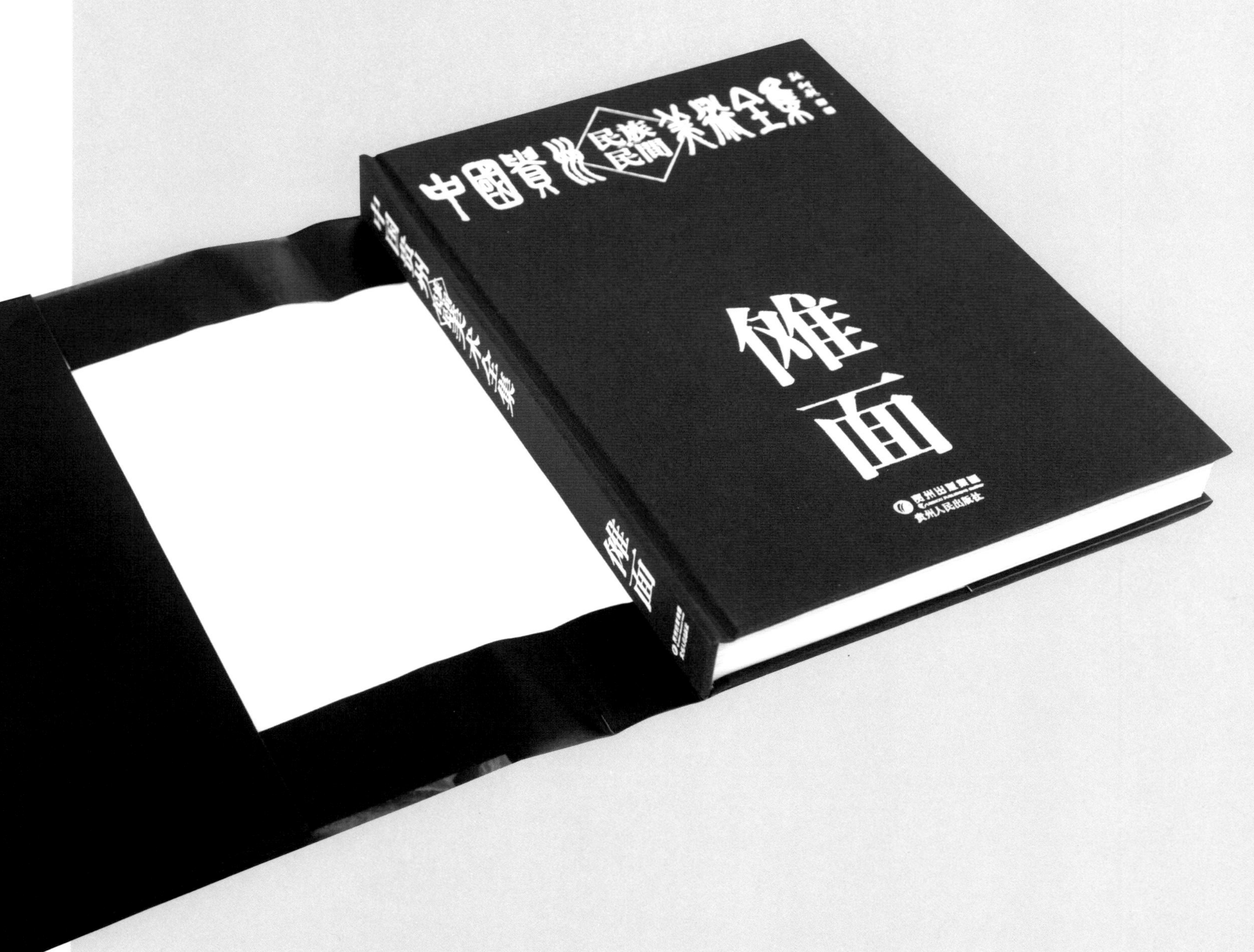

装帧设计提名奖

2010-

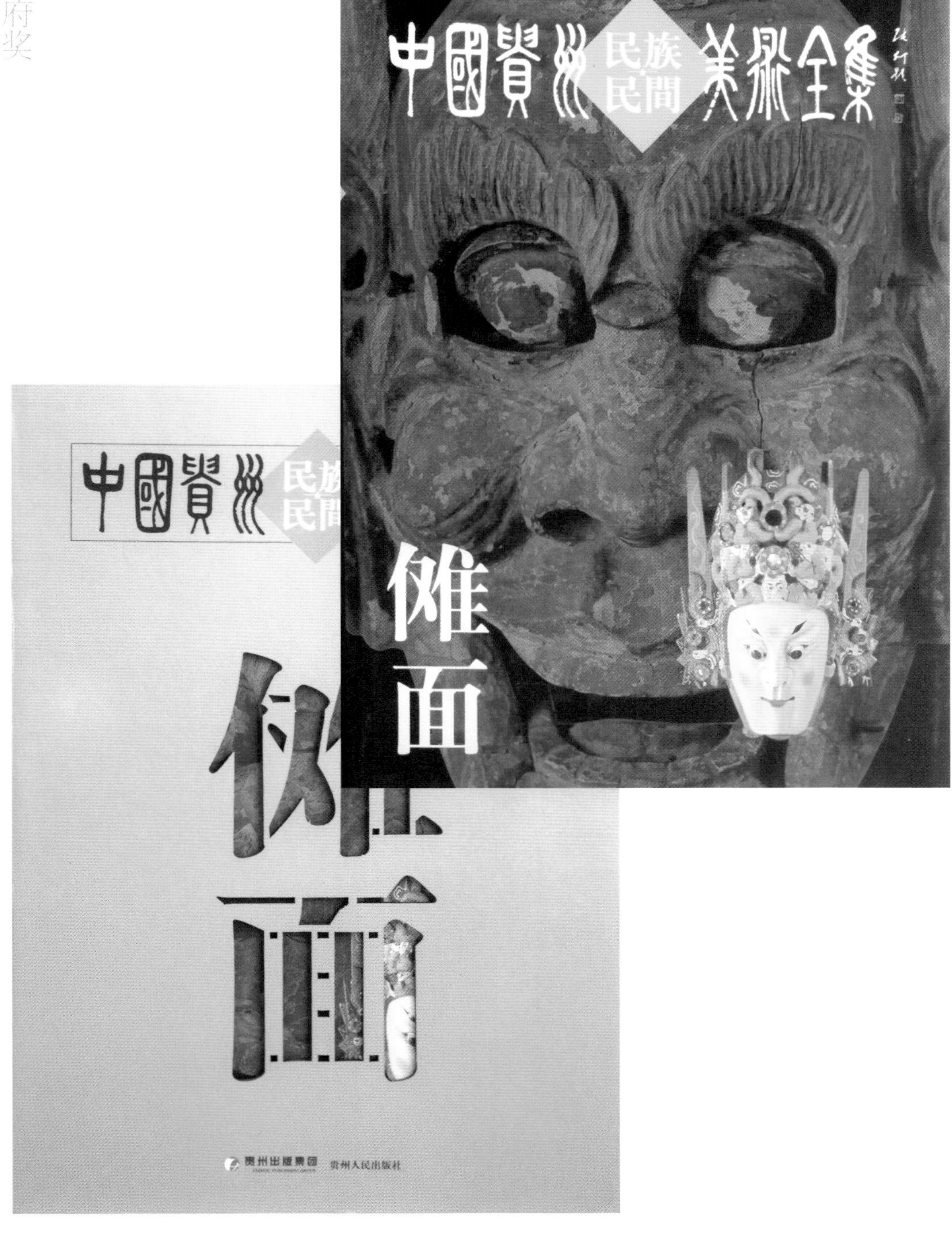

15

书名

画说红楼梦

出版

东方出版中心

设计

陶雪华

评语

本书封面、内文及环衬，全部用红色系以统一基调，营造出《红楼梦》作为中国古典名著，其浓厚热烈的视觉效果。书名利用明刻善版的集字，增添了文学名著的感染力。采用压凹过油工艺处理，使黑色与红色相搭配，更凸显了本书的质感与魅力。内文采用一图一文设计方式，较好地体现了图文书之特点，同时方便读者阅读。在内文的排版上，设计者用红色细线勾勒出仿古边框于每页的页面，营造出古典、风雅的阅读氛围。全书共一百二十回，文字字形的差异化处理，做到了重点突出，层次明晰、错落有致。

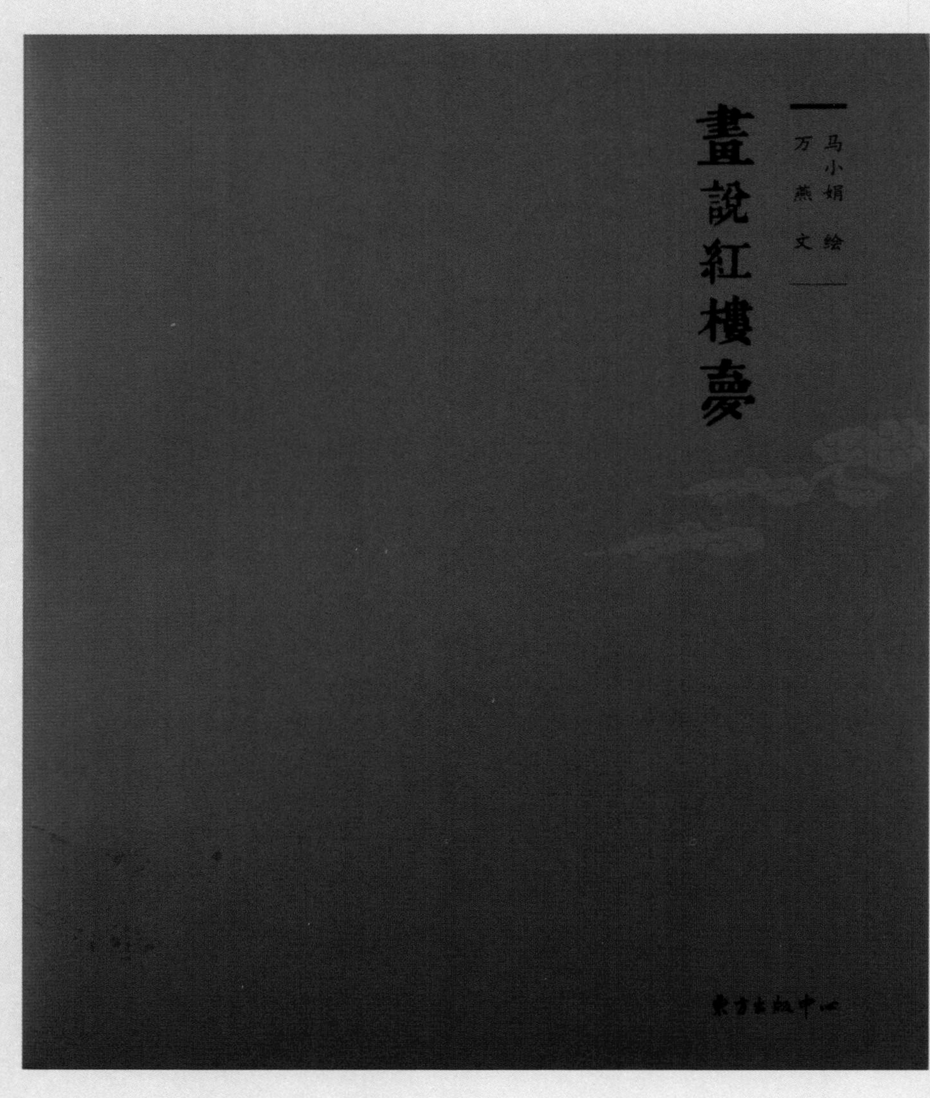

中国出版政府奖
装帧设计奖 获奖作品集
2007–2013

装帧设计提名奖

The Awarded Works Collection of the Chinese
Government Award for Publishing Graphic Design Award
The Second Session 2010

2010-

中国出版政府奖
装帧设计奖 获奖作品集
2007–2013

装帧设计提名奖

The Awarded Works Collection of the Chinese
Government Award for Publishing Graphic Design Award
The Second Session 2010

2010-

16

书名

女红——中国女性闺房艺术

出版

人民美术出版社

设计

徐 洁

评语

本书图文并茂地介绍了中国的女红艺术。整体设计围绕中国古代女性的智慧、端庄、秀美而展开。封面将“女”字与肚兜形同构，生动地表现了本书的主题。软精装的装订形式、带纹理的特种纸使封面极富触感。内容包括绪论共分为5个章节，每章节使用一种颜色作为章节页的主色调。内文中多为实物图片，细节突出，画质清晰，为全书营造了鲜活的阅读氛围。值得一提的是，在书籍订口处，设计者使用了极具女红特色的女子衣衫对襟部分，细致的扣子连接对开页面，产生了别致的视觉效果。仔细翻看每页，发现页眉部分的小图样无一相同，而每个图样又具有典型、精细、美观的特点。全书的形式与内容紧密相连，设计感与艺术性交融有序。

装帧设计提名奖

2010-

女红
中国女性闺房艺术
潘健华 著
人民美术出版社

17

书名

中国墓葬史

出版

广陵书社

设计

姜嵩

评语

作为一本探究考古学墓葬的专著，本书整体设计与其传达的文本意蕴浑然一体。整体设计采用土色系基调，准确地传达了墓葬文化的特色。护封中心具有穿透性的方形镂空，层层递进，激发读者对墓葬文化一窥究竟的思考。封面做旧的标题字设计，不规则的泥土点状散布，营造出墓穴文化神秘而高冷的气息。书脊裸露，锁线装订，便于图文信息的充分展示。内文在科学和规范的田野调查资料基础上，通过浅显而又韵味十足的语言和500余幅各式图片，深入浅出地为读者描绘出先人们的地下世界。

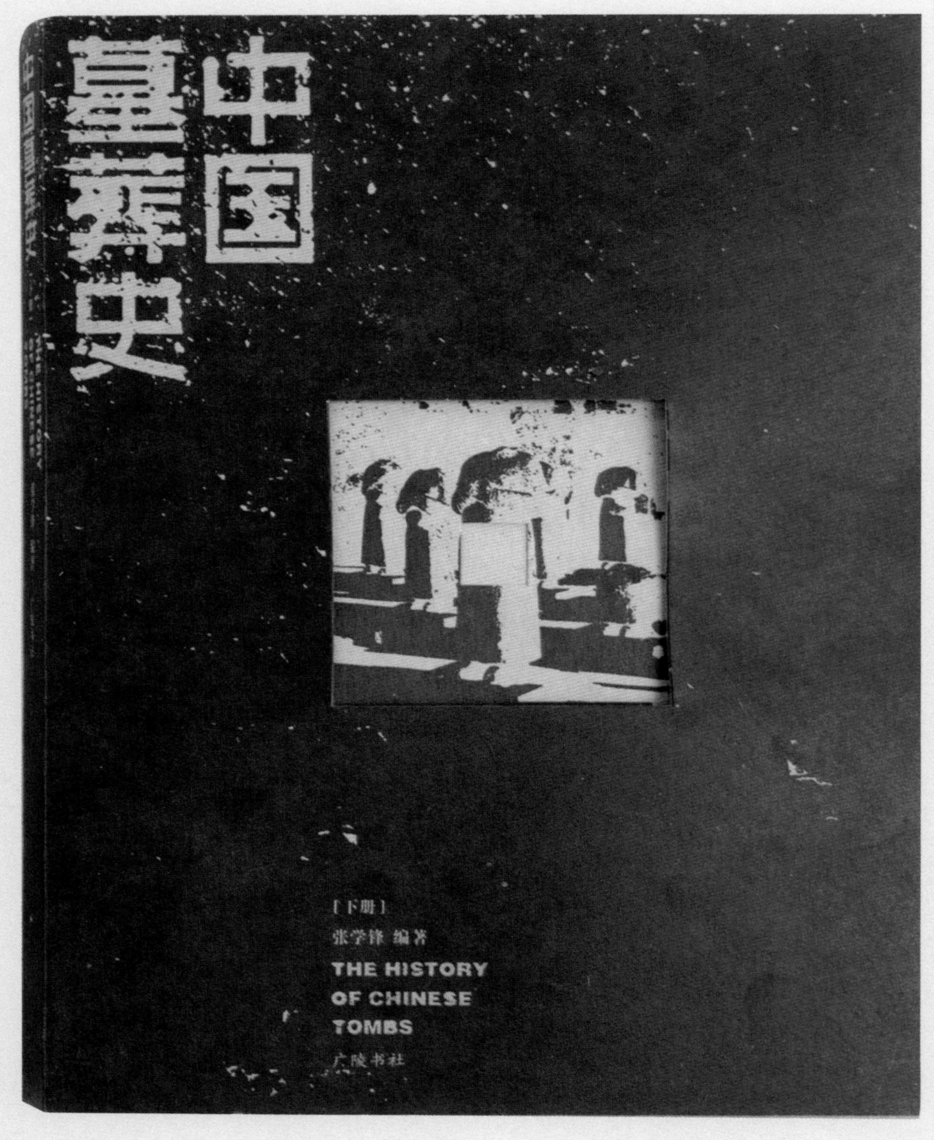

05

05

中国墓葬史
THE HISTORY OF CHINESE TOMBS
[上册]
张学锋 编著
THE HISTORY
OF CHINESE
TOMBS
广陵书社

中国出版政府奖
装帧设计奖 获奖作品集
2007–2013

装帧设计提名奖

The Awarded Works Collection of the Chinese
Government Award for Publishing, Graphic Design Award
The Second Session 2010

2010-

18

书名

比文较字——图说中西文字源流

出版

重庆大学出版社

设计

顾欣

评语

本书是为设计师写的关于文字研究的书。语言、文字是表达思维的工具，如何合理地运用文字来传达设计理念与情感，是本书的重点。封面以“文字”的中英文为主旋律进行设计，与切口对齐，大面积余白，虚实相生的设计感使读者对文字的遐想油然而生。设计纯粹简洁，形式感卓越。内文版式分为上、下两部分，分别是汉字和拉丁字，两者内容在同一时间轴上依次呈现，能更加清晰地展示出作者对中西文字进行比较研究的成果及其重点内容。

文字
比文较字
图说中西文字源流
Schrift
顾 欣 编著
重庆大学出版社

中国出版政府奖

装帧设计奖 获奖作品集

2007–2013

装帧设计提名奖

The Awarded Works Collection of the Chinese Government Award for Publishing, Graphic Design Award

The Second Session 2010

2010-

草书是在隶书基础上演变而来的一种书体，其特点是结构简单、笔画相连，有章草、今草、狂草之分。草书起源于汉朝，西汉元帝时已经有了笔画简省的隶书，新莽时期，出现了更多省笔画的连笔的字。到了东汉光武帝建武22年（公元46年），简牍大多已经使用草书书写。草书的出现顺应了文字简便易写的要求，尤其是在社会变革和文化发展时期，文字应用频繁，带有强烈个人色彩的简笔和连笔字便出现了。

“章草”始于西汉，盛于东汉，其字形如同隶书，字与字之间不连，笔画的简省和变化有章法可循，接近于“行草”。楷书出现后，章草渐变成“今草”，即用简单的草书符号代替楷书部首的楷书草书。今草书写表现为上下字连写，末笔与起笔相呼应，笔势流畅，已不拘于章法。“狂草”，又称“大草”，出现于唐代，其字奔放不羁，一笔而成，难以辨认。日文中的平假名是以汉字的草书形式为蓝本创作的。

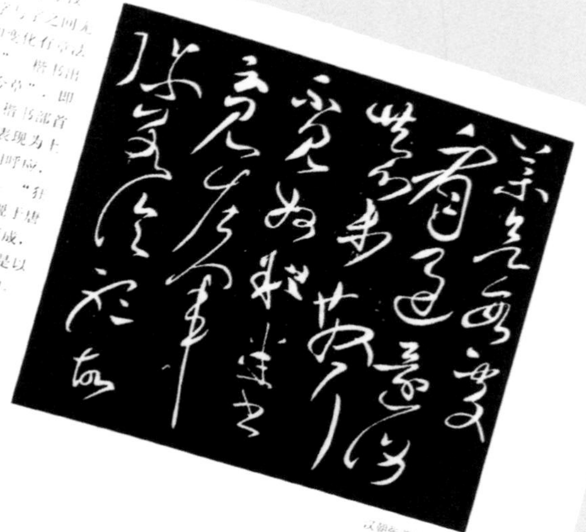

汉朝张芝的草书

公元前 100 年

罗马石刻体

自从拉丁字母创立以后，拉丁文字开始逐渐展示出不同的书写风格。它的起始风格便是罗马石刻体（Roman square capitals）。罗马石刻体产生于大约公元1世纪，这种字体是由当时的石匠在楼房和凯旋门上刻字而创造的。人们也以它最初的书写材料为依据将其称作“石文”。

罗马石刻体是一种纯粹的大写字母文字。这类文字的字母布局方正，其中字母A、O、Q以及V完全符合正方形的形状，剩下的其他字母则是以正方形为基准，按照一定的比例来书写的。

罗马石刻体中的字母布局同罗马方书体（Quadrata）中的字母布局相符。这两种字体的区别在于它们的字母线条是遵照不同的笔法来写的。在古文字学和碑铭学中，罗马石刻体和方书体这两个概念只能依据不同的书写材料来区分：方书体是书本文字（写于羊皮纸和莎草纸上），罗马石刻体则刻写在石块或是金属之上。

刻于墓碑上的罗马石刻体（约公元1世纪）

罗马石刻体的“A”

A

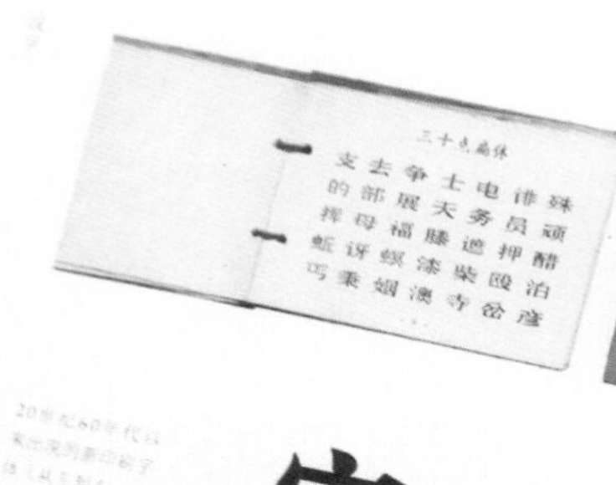

《印刷字体样本》（公元1972年）

字 字 字

电脑字体

随着西方国家发明的电脑桌面排版技术的传播，新的字体也在中文世界里以势不可挡的速度发展起来。它完全不同于我们之前所说的书法领域里的单个字型，它是一个电子数据文件，包含了一套文字、数字、符号以及杂饰字型（Dingbats）等。日本、中国香港和台湾地区是这方面的先行者，他们制作出很多今天为我们所用的中文电脑字体。20世纪70年代末，中国内地打开门户，引进了这些新的汉字制造技术和使用方法。

同传统印刷相比，人们可以轻松地在电脑上修改文字的大小和比例。通过电脑桌面排版技术，人们没有必要再去制造数以千计的印刷铅字，也没有必要在印刷过程中去挑选各种印刷体。此外，文字的装饰效果也越来越醒目，字体更显风格化和象征性。从某种意义上说，现代电脑印刷程序让汉字处于类似西方字母的状况之中。

20世纪70年代末期，字体设计呈现出一种新的变化，那就是几乎每一个字母表都是依据电子数据处理中的声音和数字符号，即所谓的"磁力字体"为基础创造出来的。这些无衬线的字母全部风格化，在一个预先设定好的线形网格或者正方形网格中统一的形象设计。与传统文字，这些字体比例不协调，字，无法给人带来美感。

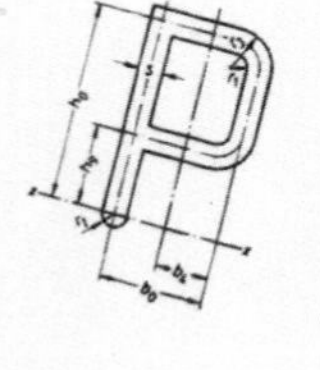

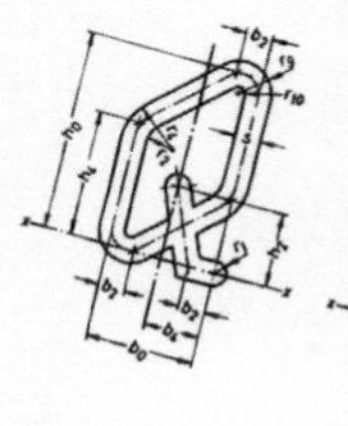

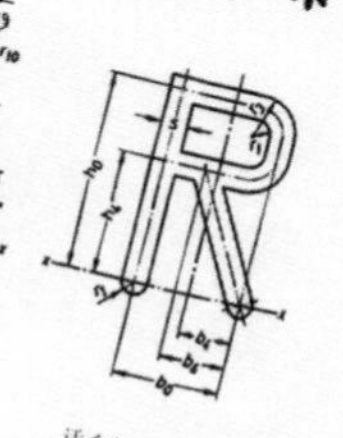

适合机器磁力辨认符号的OCR-A字体（德国标准DIN 66008）

公元1980年

1982年Adobe软件公司开发出了Adobe设计软件系统，这一系统在20世纪80年代中期与苹果电脑一起创立了具有革命意义的桌面排版（DTP），这一系列的排版设计软件当时都是基于苹果公司的个人电脑（Machintosh）研发出来的。自20世纪80年代末期以来，用来对文字、图表以及图像进行加工的创新的Adobe软件迅速改变了整个媒介世界，并从根本上改变了图形行业。

与此同时，为了用一种在成本上更具优势的字体来取代莱诺铸排机（Linotype）的赫尔维提卡字体，字体设计师罗宾·尼古拉斯（Robin Nicholas）和帕特利希亚·桑德斯（Patricia Saunders）为莫诺铸排机（Monotype）设计了艾瑞亚体（Arial）。艾瑞亚体是基于赫尔维提卡字体转变而来的字体，但对于视觉受过训练的专业人士来说，艾瑞亚体和赫尔维提卡字体很容易区分。自从微软视窗3.1版本发布以来，艾瑞亚体也被随之当成一种标准字体得到广泛传播。

从1992年起，大批量的印刷品就只在桌面排版系统里生产了，为印刷前准备的摄影技术在此期间几乎完全被桌面排版的数码程序所取代。

137

艾瑞亚体（公元1982年）

Arial

19

书名

山东省非物质文化遗产音像集——柳子戏

出版

山东文化音像出版社

设计

魏更超　宗 媛

评语

音像集以具有民族历史积淀和突出代表性的山东省非物质文化遗产——柳子戏为设计背景，以现代的语言诠释中国古典文化特色，展现出音像制品的无限魅力。函套造型美观，豁口设计精巧，便于抽出音像制品，实用美观；函套设计考究精致，祥云纹蕴含中国传统文化特色，雅致大方。封面设计简洁洗练，呈现出现代设计品质。

LIUZI OPERA
柳子戏

山东省文化厅 监制
山东省艺术馆
山东省非物质文化遗产保护中心 制作
山东文化音像出版社 出版

山东省非物质文化遗产音像集——柳子戏
SHANDONGSHENGFEIWUZHIWENHUAYICHANYINXIANGJI——LIUZIXI

LIUZI OPERA
柳子戏

山东省文化厅 监制
山东省艺术馆
山东省非物质文化遗产保护中心 制作
山东文化音像出版社 出版

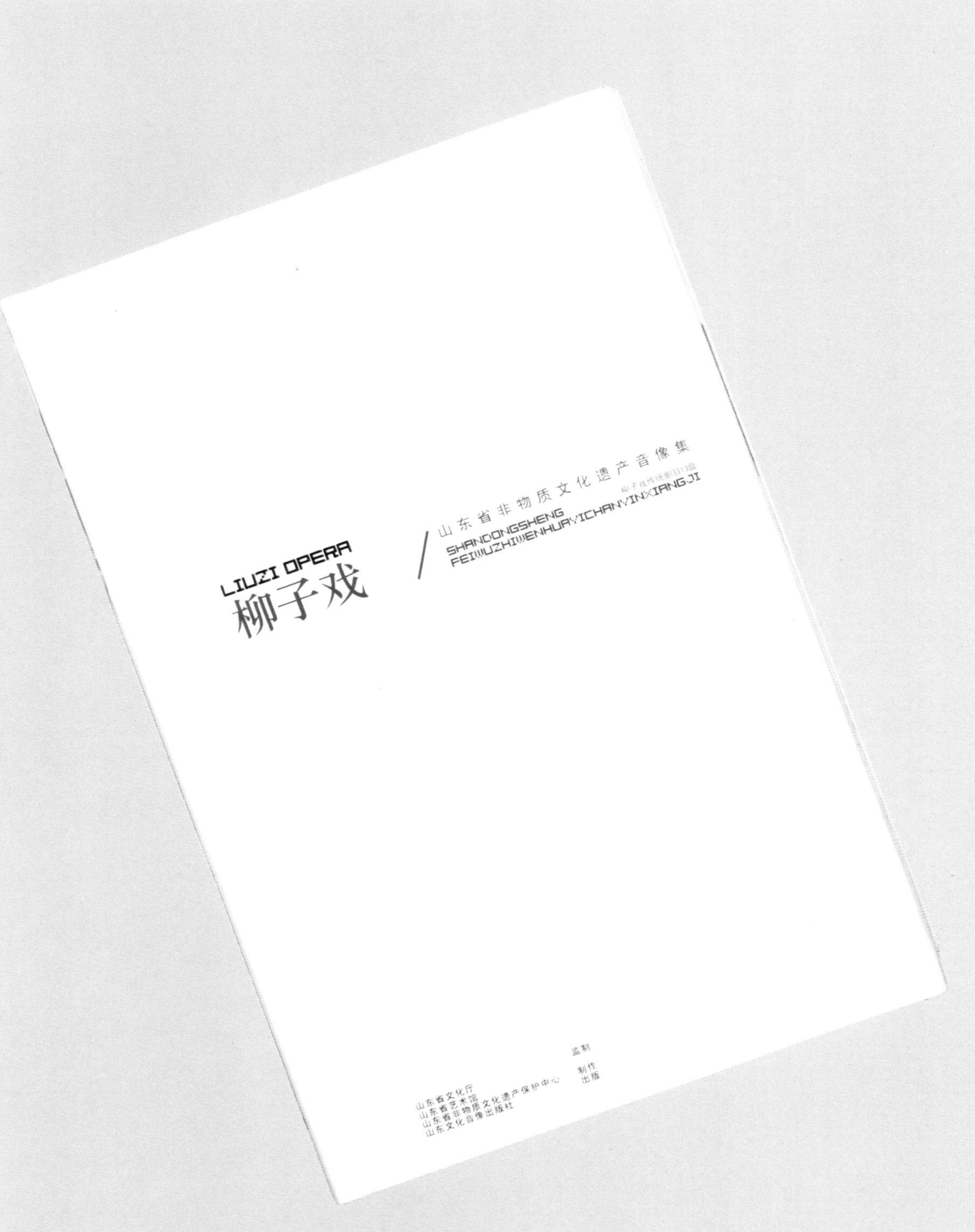
LIUZI OPERA
柳子戏
山东省非物质文化遗产音像集
SHANDONGSHENG
FEIWUZHIWENHUAYICHANYINXIANGJI
山东省文化厅 监制
山东省艺术馆
山东省非物质文化遗产保护中心 制作
山东文化音像出版社 出版

装帧设计提名奖

2010-

20

书名

魅力中国

出版

高等教育出版社

设计

王凌波

评语

《魅力中国》丛书以“文化魅力”为主线，突出中国元素，以音像制品形式直观和感性地展现中国文化的博大精深，丰富多彩。各专题内容翔实、见解独到、制作精良、表现手法新颖，给人以美好而深刻的印象。外包装设计与现代工艺紧密结合，突出了中国元素的应用。封面在光盘造型上采用扇形开口，仿佛一幅屏风上的立体画，构思巧妙，造型精美。扇形中的画面，无论是中国经典地标，还是中国文化精粹，都准确清晰地传达了主旨。

《魅力中国》系列音像制品立足于突出中国历史、人文、自然以及和谐社会等在世界大家庭中独具吸引力的元素，从而深入刻画中国魅力，弘扬中国精神。

装帧设计提名奖

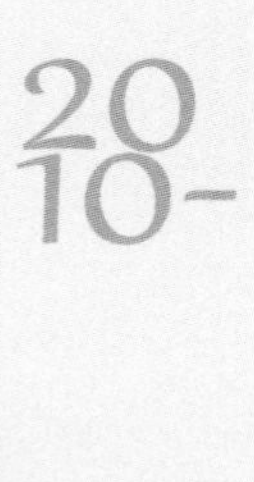

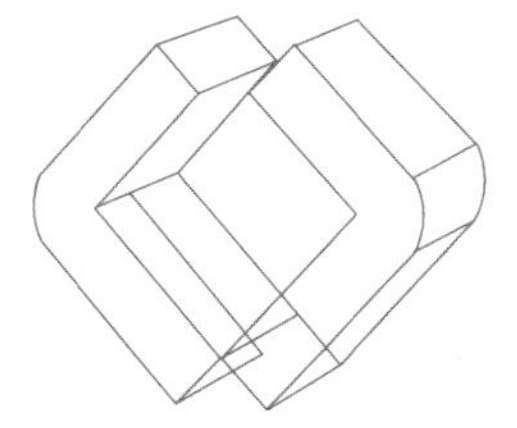

中国出版政府奖

装帧设计奖获奖名单

2010-

装帧设计奖

作品名称	设计者	出版单位
01 北京跑酷	陆智昌	生活·读书·新知三联书店
02 中国本草彩色图鉴——常用中药篇	郭淼	人民卫生出版社
03 中国记忆——五千年文明瑰宝	敬人设计工作室 吕敬人 吕旻	文物出版社
04 工业设计教程	范文南 洪小冬 彭伟哲	辽宁美术出版社
05 私想着	朱赢椿	华东师范大学出版社
06 汉藏交融——金铜佛像集萃	张志伟	中华书局
07 中国城市巡礼	吴勇工作室 窦胜龙	海风出版社
08 梦跟颜色一样轻——90后作家高璨诗绘本	门乃婷装帧工作室	陕西人民出版社
09 中国桥梁建设新进展（1991—）（中英文双解）	瀚清堂·赵清 周伟伟	东南大学出版社
10 好好玩泡泡书	唐悦	安徽少年儿童出版社

装帧设计提名奖

作品名称	设计者	出版单位
01 中国侗族在三江	杨会来	人民美术出版社 哈珀·柯林斯出版集团
02 李味青花鸟画	速泰熙	荣宝斋出版社
03 中国富宁壮族坡芽歌书	吾要	民族出版社
04 庄学本全集	广州王序设计有限公司	中华书局
05 灵魂深处的乐思——西方音乐与观念	蔡立国	生活·读书·新知 三联书店
06 中华五色	卢浩 陆鸿雁	江苏美术出版社

装帧设计提名奖

作品名称	设计者	出版单位
07 星火燎原全集（精装本）	唐岩	解放军出版社
08 西部地理——甘肃印象	程晨	浙江大学出版社
09 辞源（纪念版）	姜樑　季元	商务印书馆
10 秦始皇帝陵	蒋艳	文物出版社
11 建筑学术文库——现代思想中的建筑	王鹏	中国水利水电出版社
12 广州沉香笔记	袁银昌	广东人民出版社
13 纯影	杨红义	四川美术出版社
14 中国贵州民族民间美术全集	张世申	贵州人民出版社
15 画说红楼梦	陶雪华	东方出版中心
16 女红——中国女性闺房艺术	徐洁	人民美术出版社
17 中国墓葬史	姜嵩	广陵书社
18 比文较字——图说中西文字源流	顾欣	重庆大学出版社
19 山东省非物质文化遗产音像集——柳子戏	魏更超　宗媛	山东文化音像出版社
20 魅力中国	王凌波	高等教育出版社

帛苦文籍

雕絜模梓

印拓纸简

字牍版墨

中国出版政府奖 装帧设计奖

第 三 届 2 0 1 3

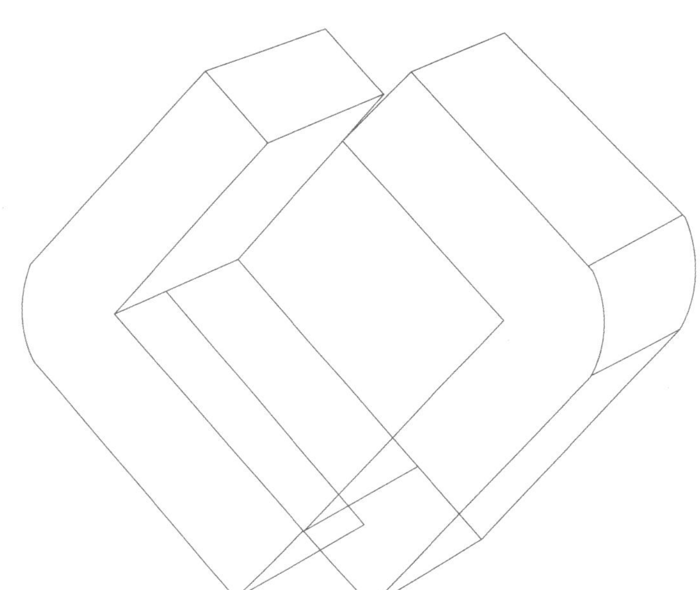

获奖作品集

柳斌杰 主编
邬书林 副主编

The Awarded Works Collection of the Chinese Government Award for Publishing, Graphic Design Award
The Third Session 2013

辽宁美术出版社

2013-

编委会

序言

中国是世界出版大国，从古代的简策、帛书等形式的书籍算起，至今已有三千年的书籍发展史。书籍作为文化产品，代表了一个国家、一个民族的文明与进步。书籍装帧不仅反映图书产品的外观形象和内在品质，而且体现民族文化的精髓和主流文化的方向，是实现书籍的社会功能、展示民族文明进步的重要载体。繁荣和发展我国的出版事业、促进中国图书走出去，书籍装帧设计是一个重要的环节，得到了政府主管部门和业界的高度重视。

2007年，新闻出版总署（现国家新闻出版广电总局）决定举办首届中国出版政府奖评奖活动，并委托中国出版协会负责子项奖——装帧设计奖的评奖工作。在中国出版政府奖评奖工作领导小组的领导下，中国出版协会于2007年、2010年和2013年主持评选了首届、第二届和第三届装帧设计奖，每届评出获奖作品10件、提名奖作品20件，三届共评出获奖作品30件、提名奖作品60件。获奖作品是从全国各出版单位报送的1068种图书、84种音像电子出版物中评选出来的。

作为中国出版业装帧设计领域最高奖项的中国出版政府奖（装帧设计奖）设立以来，在出版界产生了很大的影响，引起了出版界对装帧设计的高度重视，激发了设计者的创作热情，涌现出一大批优秀的装帧设计人才和优秀作品，为书籍装帧领域带来了巨大的变化，促进了我国书籍装帧设计整体水平的提高，在国际文化交流中发挥了积极的作用。

纵观近十年来三届中国出版政府奖（装帧设计奖）的参评作品，我们欣慰地看到，中国书籍装帧设计意识的深化，设计作品从构思内涵到表现形式再到印装工艺都有了很大的提升，充分体现出当代中国书籍装帧艺术百花齐放的时代风貌，使本民族悠久而灿烂的书籍文化得以传承和发扬，并向世界展示和传播。主要表现在以下几个方面。

一、书籍整体设计理念的深化

书籍装帧设计是指从书籍文稿到成书出版的整个设计过程，也是完成从书籍形式的平面化到立体化的过程。它包含了艺术思维、构思创意和技术手法的系统设计，即书籍的开本、装帧形式、封面、腰封、字体、版面、色彩和插图，以及纸张材料、印刷、装订和工艺等各个环节的艺术设计。在书籍装帧设计中，只有从事系统的全方位设计，才能称为装帧设计或整体设计。从一些优秀的书籍设计中，我们可以十分清晰地看到，中国的书籍装帧正在从简单的封面设计或版式设计思维向书籍整体设计的观念过渡，从书籍的平面形式向立体形式转变。

获奖作品《北京跑酷》以一套四册的田野考察和资料整理“报告文献”，用新颖的编排组合形式装入半透明盒内，强化了本书题材的“档案感”，让读者从知性与感性的角度体会北京城市的独特区域划分，更接近对其考察的本质。这一全方位的立体设计方式给今天国内的书籍设计带来了有益的启示。《当代中国建筑史家十书——王世仁中国建筑史论选集》由表及里的整体设计，突出中国古典建筑特质和严谨的学术气氛，从封面、版式、材料、工艺、装帧各方面均追求精美、精致，给人一种深沉、大气、华素之感，较好地体现了当代装帧设计的新理念。

二、中国本土文化审美意识的回归

在书籍装帧中，本土文化审美意识主要体现在两个方面，一是对“书卷气”的尊重和重新诠释；二是对中国视觉元素的运用。“书卷气”是书籍装帧整体意识的升华。“入乎其内，故有生气；出乎其外，故有高致”，是中华民族的审美境界。“书卷气”与中国画的品鉴标准“气韵生动”一样，追求书籍外在形式下的内在气韵。书籍装帧应根据书籍讲述的主题，运用点、线、面、色彩、文字、图形等元素，将其转化为整体和谐之美、灵动之美。在历届参评的许多作品中，我们可以看到书籍装帧者们在极力摒弃媚俗化、庸俗化、盲目西化的做法，追求返璞归真的书卷韵味和本土文化气质，唤起人们对书籍文化的尊重。同时，在面对书籍流通的商业化需求和吸收外来文化的过程中，书籍装帧者们越来越意识到尊重本民族文化审美习惯、运用中国视觉元素和文字的重要性。于是，一股浓郁的中国风在参评作品中吹动起来。

《剪纸的故事》装帧设计巧妙地利用了中国传统民间剪纸刀刻的手法，再现了与原作相似的剪裁感，伴随着翻动与交替的变化，使读者有一种身临其境参与创作的生动体验。在纸张的选择和运用上，也呈现出剪纸艺术的特质。《中国记忆——五千年文明瑰宝》汇集了全国博物馆珍贵的文物精品图片，正文运用传统的筒子页装订成包背装形态，封面运用红色丝绒扎出吉祥纹样，映衬云雾笼罩下的万里长城，腰带背面印刷各时期典型的中国文物，书名用中国红漆片烫压。全书设计充分体现了中国传统书卷韵味和中华文明的内涵。《中华舆图志》封面采用丝制材料，内文采用质地柔软的书画纸并借助中式传统装帧手法。这些极具中国元素的材料和手法，全面地诠释了图书的设计与内容的完美结合。

三、设计与时代同步

强调中国本土风格并非墨守成规、自我封闭。随着全球经济的一体化、科技的发展、时代的进步和生活节奏的加快，装帧设计理念也要不断求新，吸收外来先进设计思想，适应今天社会和年轻读者的审美欣赏习惯，“以人为本”、“以简代繁”，强化书籍视觉传达语言的叙述，如对图像、文字在书籍版面中的构成、节奏、层次以及对时空的把握。如《中国桥梁建设新进展》的整体设计，为了体现“新”，采用了“跨越”的概念，封面的水波纹线，一直延伸至环衬及书籍内页，将桥的跨越感表现出来，极具时代感。《天堂》是一本诗集，整体设计简约、素雅、切题，为表现“天堂”的纯净，基本上去掉了所有的装饰，只有一个形似天使的光环和翅膀，从函套上天堂之门的钥匙处穿越，似可触摸天堂中的母亲、汶川地震罹难的孩童以及自己的灵魂，使本书充满时代的气息。

图书形式与功能的艺术化，使得材料的选择更显得重要。新材料、新工艺的应用，是书籍装帧设计与时俱进的标志，能让图书具有时代特色，对推进工艺技术革新也具有探索和创新意义。《好好玩泡泡书》系列运用新材料特性，取得独创性的装饰效果。图书设计者充分考虑了EVA材料具有手感柔软的亲和力特点，使图书具备了玩具的功能。这种低幼图书玩具化，使阅读过程充满乐趣，是儿童早期阅读的一种有效方式。《工业设计教程》所用的材料较为新颖，创造性地将金属材料引用到图书封面设计中，与工业设计的内容相呼应，恰到好处地把握了艺术表现和阅读功能的关系。

四、追求个性的设计风格

书籍装帧艺术和其他门类的艺术一样，讲究立意、构思独特、形式新颖，彰显个性，具有独特的艺术风格。这是中国出版政府奖（装帧设计奖）对参评作品的基本要求，也是书籍设计者永无止境的艺术追求。《汉藏交融——金铜佛像集萃》整体设计具有鲜明的个性，突出表现金铜佛像的色彩及质感：从内文的红金专色，到前后环衬的古铜色特种纸，再到硬封的铜金属感装饰布料以及函套的佛像烫金点缀，内外呼应，与主题和谐统一，使读者沉浸在中华汉藏文化的光彩之中。《吃在扬州——百家扬州饮食文选》把中国独具特色的筷子转化成书籍设计元素，以餐具托盘的形象、食物的造型及南方园林的窗格纹样，巧妙地营造出江南饮食清甜淡香的风味，可谓立意隽永、构思巧妙，是把地方餐饮文化引入阅读意境的独特设计。《这个冬天懒懒的事》书籍设计具有“活性意味”的特点，文字、色彩、材料、印艺、书籍形态，轻松自若、活灵活现，全方位满足了书籍内容个性化形式的表现要求。

总之，设计师匠心独运，通过各种设计手法，进一步形成自己的独特风格和定位，使自己设计的图书在同类书籍中脱颖而出，进而提升作品的艺术价值。

这套图书收录了三届中国出版政府奖（装帧设计奖）获奖作品，不仅呈现了近十年来设计师们的丰硕成果，而且记录了中国装帧设计艺术发展的历程。每件作品都配有专家的点评，从多角度介绍和展现各设计作品的风貌，旨在让读者细细品味书籍设计艺术的魅力。希望这套图书不仅仅作为出版社美术编辑、社会设计专业人士的业务参考，进一步促进书籍装帧艺术水平的不断提高，而且也能够给予广大读者以书籍设计审美的启发，吸引读者去翻阅、购买、收藏图书，营造全民读书的氛围，为促进中国出版业的大发展大繁荣发挥应有的作用。

目录 · 装帧设计奖

目录 · 装帧设计提名奖

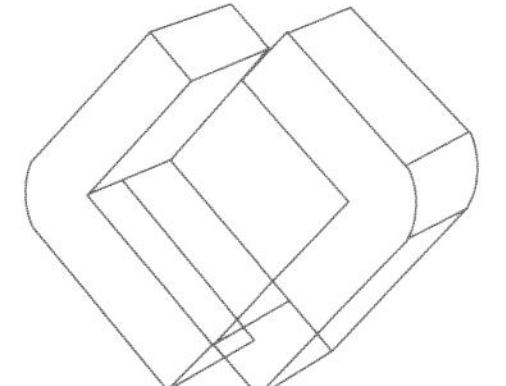

中国出版政府奖

装帧设计奖

2013-

01

书名

剪纸的故事

出版

人民美术出版社

设计

吕旻　杨婧

评语

现今数码手段悄然改变着人们接受信息的习惯，而《剪纸的故事》 似乎也在这样的时代背景下，欲与其创作者一同寻找新的阅读形式。

这本书很好地把控原作的文本精神，大胆地解构重组视觉信息，并注入传统与现代性相结合的设计语言和编辑语法，更巧妙地利用了图书内容“剪纸刀刻”的手法。通过将 7 帖内页闷切，表现与原作相似的剪裁感，伴随着翻动与交替的变化，使读者有一种身临其境的参与体验。另一个设计特点是在纸张的选择与运用上，每款不同纸张的质感，经过不同专色油墨的印制，呈现出剪纸的传统民间特质和当代艺术内涵。

多彩的纸张与有秩序的图像色彩梳理着喜剧感的线索，并不将设计局限于传统剪纸造型手法。设计者深入挖掘文本、图像之外可发挥的创意以及独到的领悟，从而提升了本书的阅读价值与人文理想。

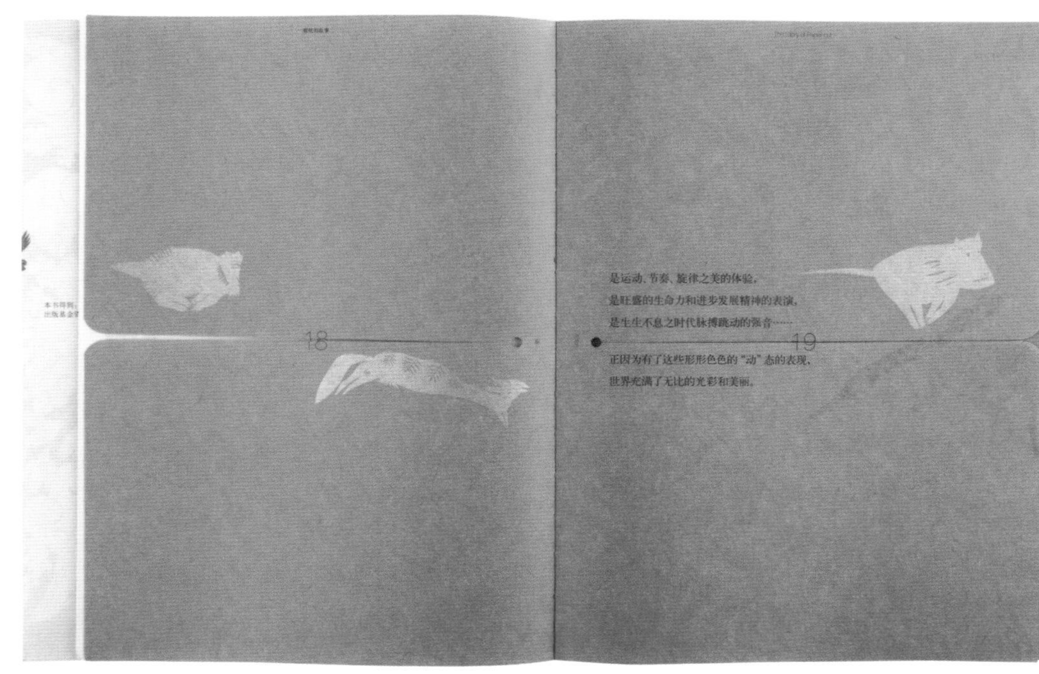
18
是运动、节奏、旋律之美的体验，
是旺盛的生命力和进步发展精神的表演，
是生生不息之时代脉搏跳动的强音……
19
正因为有了这些形形色色的"动"态的表现，
世界充满了无比的光彩和美丽。

“西游”
孙悟空系列

Sun Wukong series of "Journey to the Western Paradise"

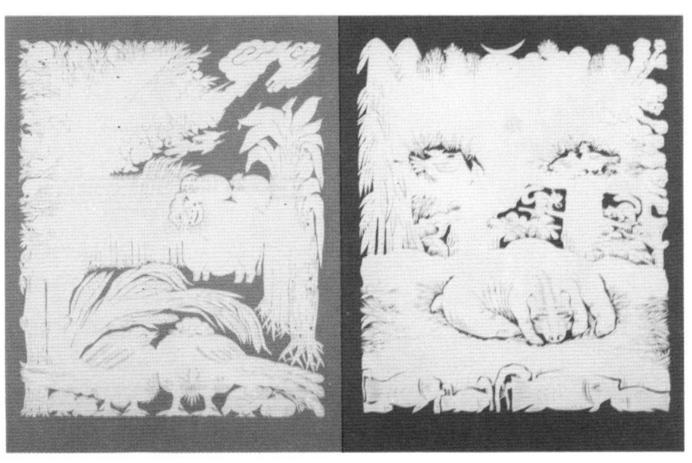

中国出版政府奖
装帧设计奖 获奖作品集
2007-2013

装帧设计奖

2013-

The Awarded Works Collection of the Chinese
Government Award for Publishing, Graphic Design Award
The Third Session 2013

02

书名

天堂

出版

人民文学出版社

设计

刘静

评语

天堂是永恒世界里至高的圣洁居所，也是人们所盼望的灵魂的归宿。

诗集将黄色天使光环元素由表及里地贯穿整本书籍设计流程，充分把控原作的文本精神，形式与内容紧扣主题，设计纯净空灵，烘托出诗的内涵。

函套设计新颖，造型独特，纸张上文字淡雅、细腻精致，中心处将钥匙图形镂空处理，使读者可以跟随作者从函套上横切的天堂之门穿越，去触摸天堂中的母亲、汶川地震罹难的孩童，以及自己的灵魂。

书籍封面采用白色珠光纸印刷，简单的纹理，柔软的纸面细腻丝滑，透出神秘气质。

内文排版呈现清新淡雅的阅读感，穿插油画插图，文图相得益彰，别有一番艺术气韵。

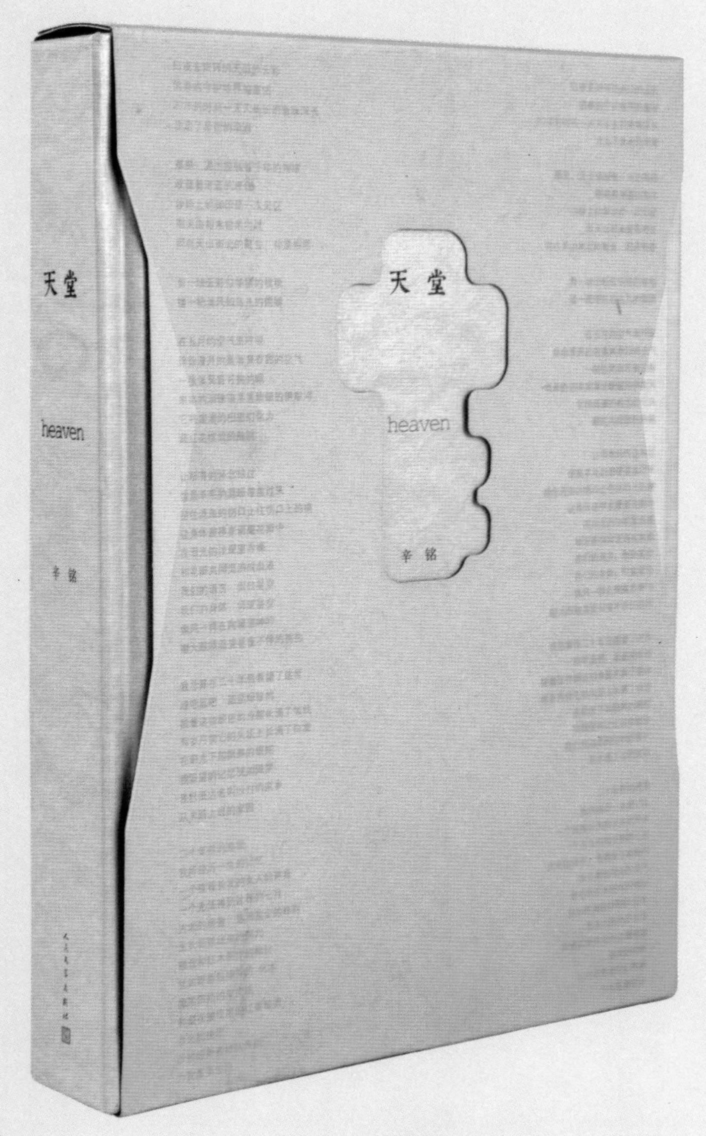

天堂

heaven

辛铭

heaven

目录

184

我，以自己的方式飞向你

带我回家吧

你领着我回去吧

我的眼球兀立在昔日里的
一望无际的伊的伊犁
望见了夜里舞蹈
那裹在云朵里的薰衣草
一张张的面孔
像刚刚生出来的儿子娃娃
满脸贴满了膜的脸
张口说话：哦，嗳
嗳着伊的伊犁
铺着绿的红的白的黄的
在云端里剪不断的发丝
我扯着你的发梢
摘下自己给自己装上的面具
拆掉已被他人损毁的牙齿
像儿时呀呀唔语
喝着醇香的伊的奶茶
却在喧腾的咖啡里
乘着月光满天
寻找圆了又圆的欢聚

手掌升向盛开的麦穗
而掌纹上早已爬满了蜘蛛蛆虫
不朽的木头搭不起
伊的伊犁

185
呼吸的翅膀
——献给汶川
我希望在我们之间是一种永远
永远的一种心心相系
你不在我的眼前
而你的形象却在我的瞳孔里
……
……

03

书名

纸

出版

北京大学出版社

设计

朱锷设计事务所

评语

本书分为纸源、字纸、纸工、纸韵四部分内容，从不同的视角和专业领域，展现出纸文化的丰富多彩。
书籍从内容到形式，从阅读到体验，从感受到联想，浑然天成、和谐统一。
设计者运用感性和理性的思维方式，用优雅、简洁的书籍设计语言和纸材特色诠释主题，令读者领略到“纸”的无限魅力。
护封选用云龙纹纸印刷，纸的肌理通透轻巧，细腻并富有质感。
封面古朴卓雅的插图与文字交融排列，文图的疏密对比使信息层次分明，雅致大方。

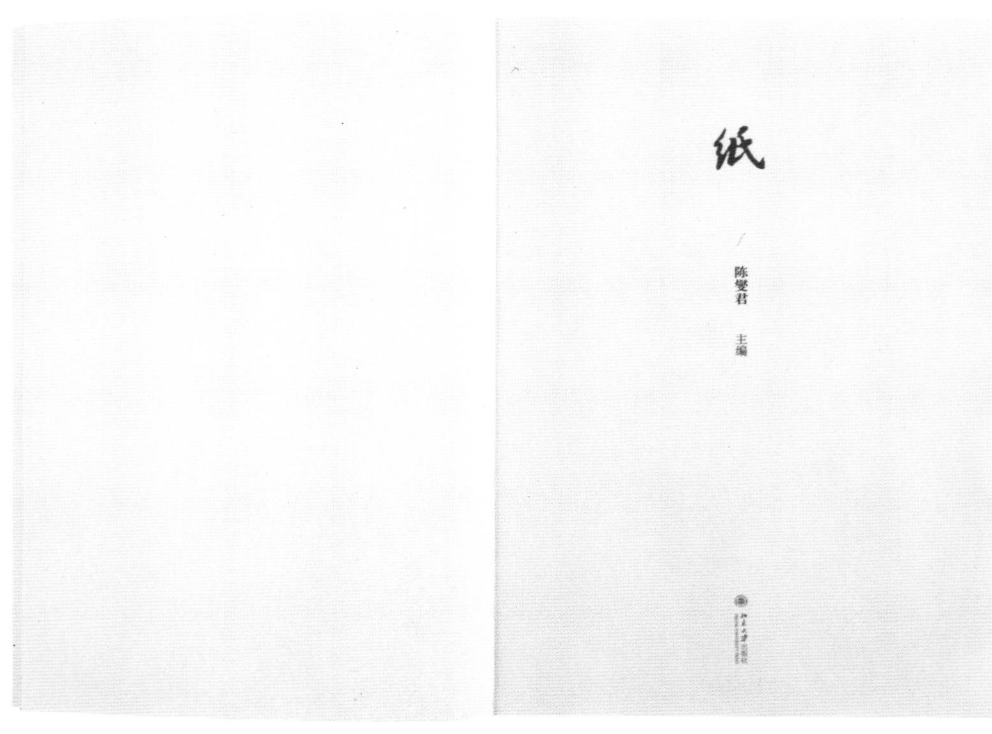

引言

一张纸能承载多少传统，一张纸能成就多少创意。

带着这个问题出发，我们到过手工造纸厂，拜访过做木活字的老匠人，考察过雕版印刷博物馆，在美院的实验艺术系听艺术家聊民间纸工的神奇，深入各大珍藏古籍的图书馆，拣选民国时期的课本、读本，请来设计师引领我们回顾中国书籍设计的历程……

在采集、观察的过程中，我们想到两点：其一，中国古代，劳力者位卑言轻，他们的才能和经验，散落在平常日子里，在手头，在心里，如盐入水。而这就是生活的味道，生活的智慧。其二，我们曾经渴望过什么，然后制作了什么，留下了什么，我们就曾是什么样的个体。仔细辨识遗存之物的表征和本质，就能看到生命的诉求——追求新的生长点，这是永不终止的本能。

04

书名

这个冬天懒懒的事——90后作家高璨诗绘本

出版

陕西人民出版社

设计

高洪亮　姚立华

评语

这本书是有活性意味的。

书籍设计抓住“这一点”活性的意味，将其活灵活现地表现出来，全方位满足书籍内容个性化形式的表现要求，使内容和内涵得到形象的升华，从而给阅读带来轻松的感受。

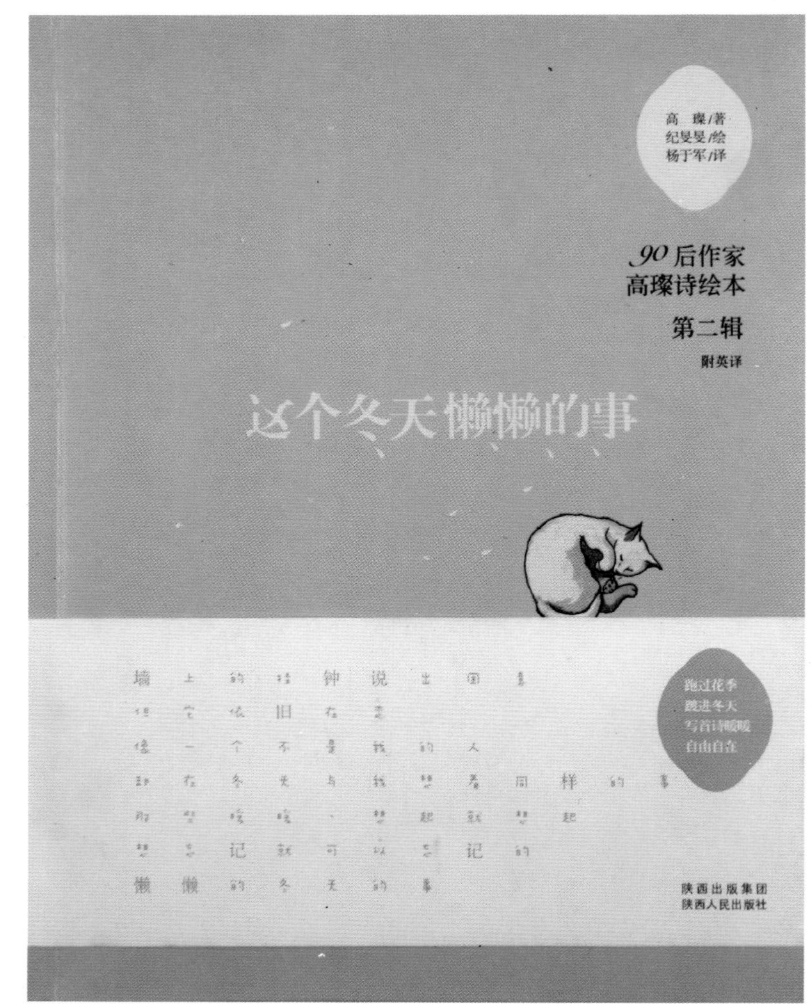

中国出版政府奖

装帧设计奖　获奖作品集

2007–2013

装帧设计奖

2013-

The Awarded Works Collection of the Chinese

Government Award for Publishing Graphic Design Award

The Third Session 2013

In Dream

The body thin as a sheet of paper
Flying up at a blow of wind
Forming many thick calendars of the past
Forming a long passage of paintings
On both sides
People are like pictures attached in the diary of time

The body thinner than the winter sunlight
Falling as wind dies down
Falling where dandelions are picked

Waking up from a dream
Knowing not whether the wind is still blowing
I don't fly with it
Pictures and memories always like to stay in my dream
Demonstrating how they are imprinted in time

While calendars get thicker and thicker
The painted passage longer and longer
Will dreams become longer too
How long will they float
Waking up from my dream
Days become thinner and thinner

高 璨/著
纪旻旻/绘
杨于军/译

90后作家
高璨诗绘本
第二辑
附英译

书名

中华舆图志

出版

中国地图出版社

设计

吕敬人　吕旻　杨婧

评语

本书是我国第一部古地图专业志书。编纂者《中华舆图志》编制及数字展示项目组收录了从战国到清末有代表性的精美古地图103幅，分天下寰宇图、疆域政区图、军事图、河渠水利图、风景名胜图、交通通信图、城市图七个方面，对中国古地图承载的历史、地理、文化等丰富内涵进行了研究和挖掘，行文20万字。每一部地图的制作都是艺术与科学巧妙结合的充分展现。舆图所表现的疆域图更是包含山川、城镇、风物等综合复杂的数据信息。这本书在设计上采用中式包背装，偏长形开本。筒子页增加了柔软的翻阅手感。版式设计舒朗大方，在书口使用6种颜色划分章节。内部还有中、长夹页设计，有的还原了原本装订于古籍中的形态，产生了书中书的效果；有的通过三折或四折来充分展示长卷舆图全貌，十分精彩。由于地图设计注重索引查询功能，所以本书在筒子页书口设计了地图创作年代索引。

全书尾声的“舆图一览表”中，中国历史大事记年表和舆图绘制信息及尺寸信息在同一时间轴与同一空间进行比对。地图年代、体量与制作形式的区别一目了然。反之，也可根据该一览表，轻松地通过书口信息检索原图。以一图一说、图文相映的形式，将古地图和古文献有机结合，清晰勾勒出中国地图的传承和发展。本书封面采用可印刷丝制材料，回归中式传统装帧手法。全书设计体现了古地图的厚重与鲜活，实现了历史、人文和地理的交融。

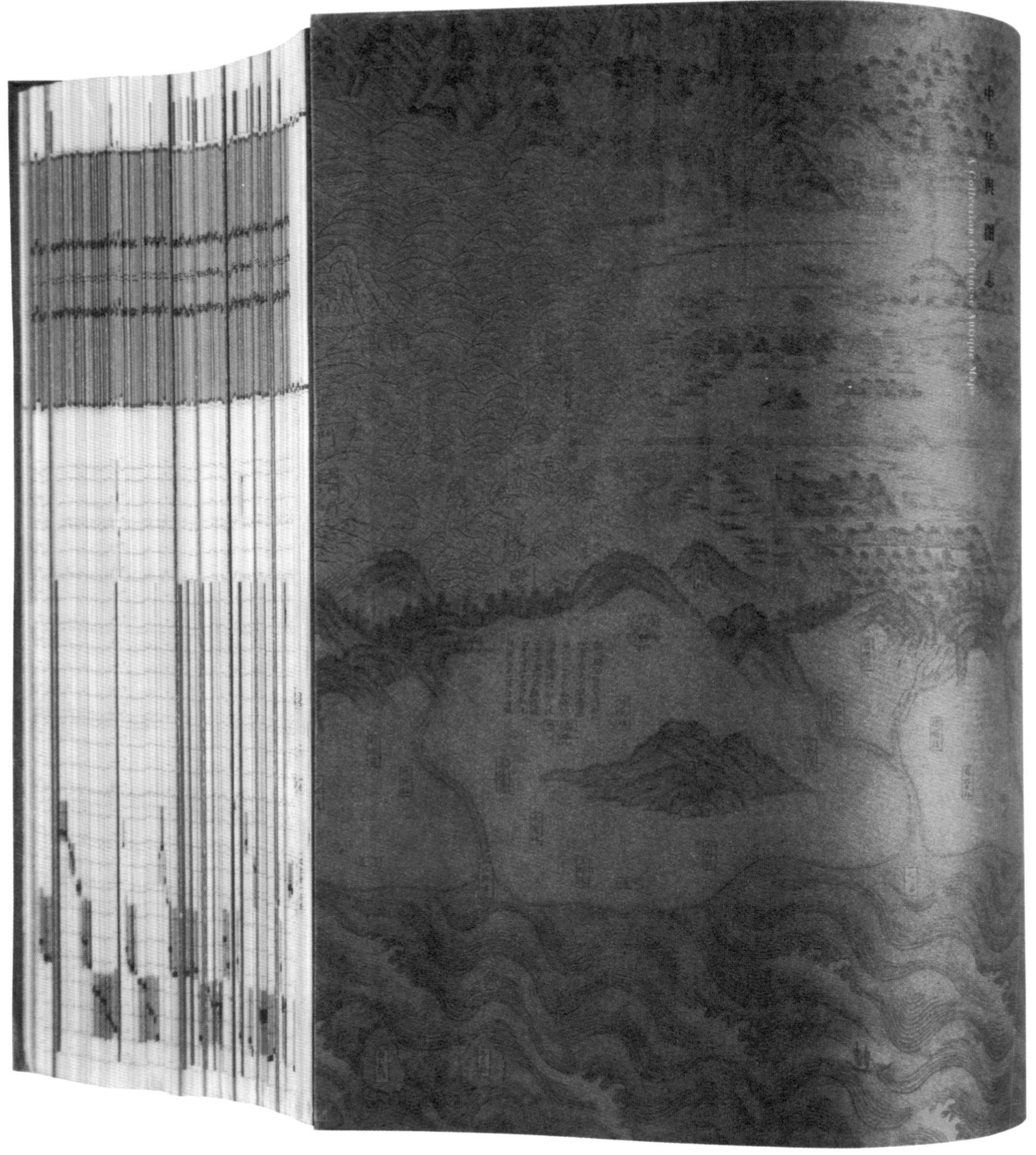
A Collection of Chinese Antique Maps

中国出版政府奖
装帧设计奖 获奖作品集
2007–2013
装帧设计奖
The Awarded Works Collection of the Chinese
Government Award for Publishing, Graphic Design Award
The Third Session 2013
2013-
九边图
Map of Nine Strategic Posts
边

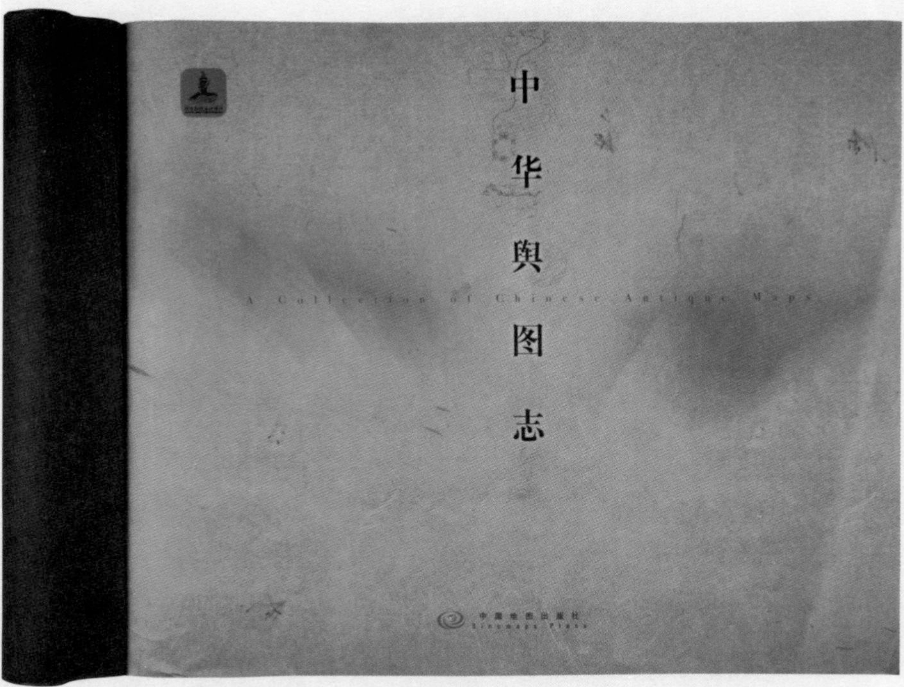
中
华
舆
图
志
A Collection of Chinese Antique Maps

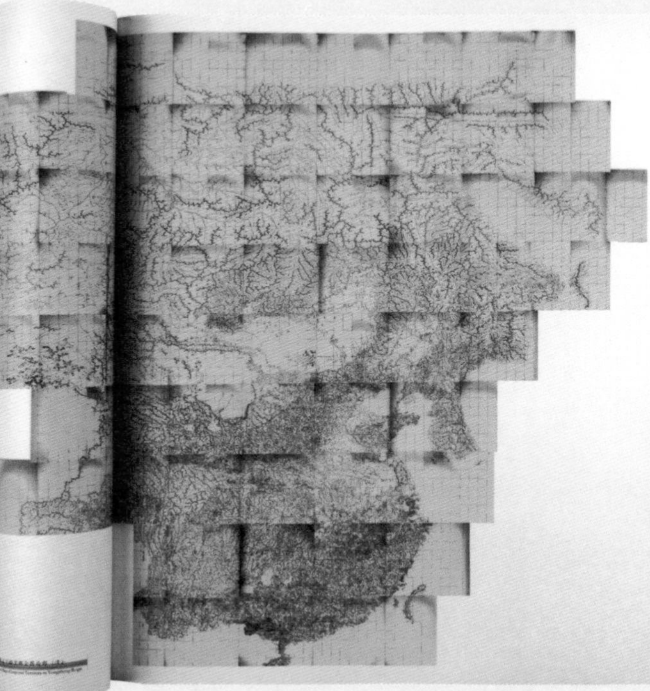

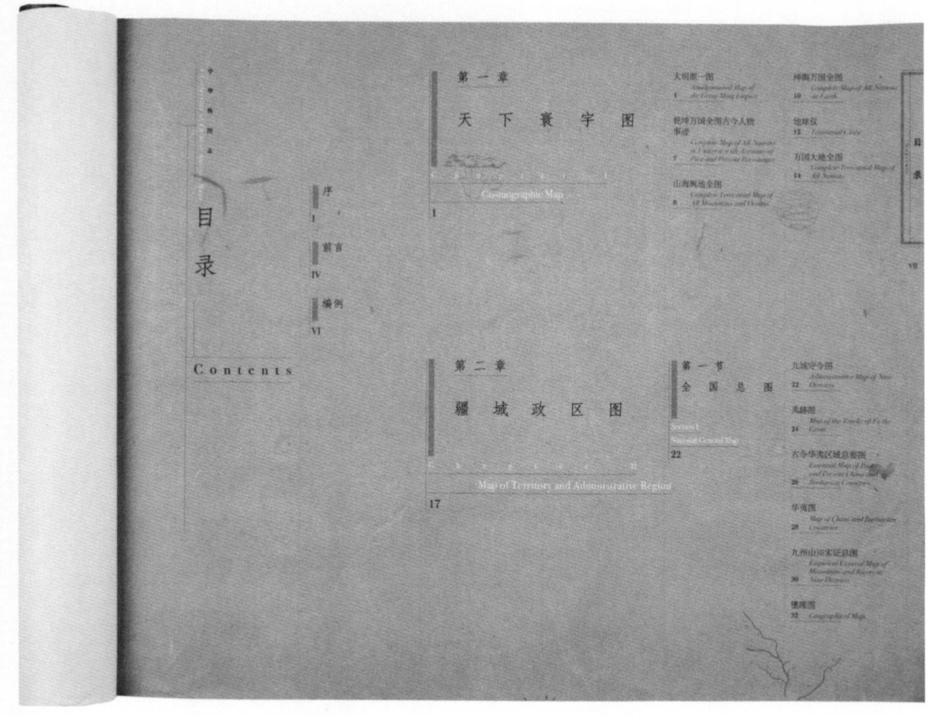
目录
Contents
序
前言
编例
第一章
天下寰宇图
Cosmographic Map
第二章
疆域政区图
Map of Territory and Administrative Region
第一节
全国总图
National General Map

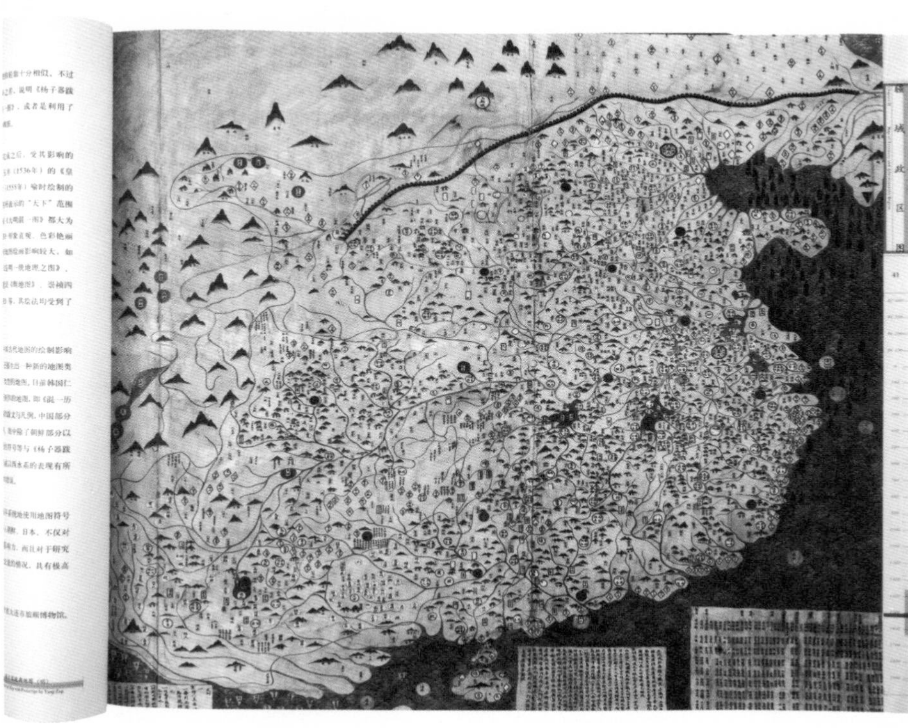

06

书名

当代中国建筑史家十书——王世仁中国建筑史论选集

出版

辽宁美术出版社

设计

范文南　彭伟哲

评语

丛书在尊重和保留各文集的特色和文风的基础上，以相对统一的体例和版式进行编排，图文并茂，装帧精美，力求形式与内容的完美统一。

丛书是目前中国建筑史学研究领域独一无二的、具有极高学术价值的大型建筑史学名家理论书籍。书籍整体设计带有一种深沉、大气、华素之感。硬封采用深灰色珠光纸，符合中国传统建筑色彩特质，体现出久远的中国古典建筑特色及丰富的哲学内涵。封面设计不失建筑的硬朗，深沉且粗犷。内文设计简洁大方，内容信息结构逻辑严谨，条理清晰，不失端庄大气之象。

Ten Books of
當代中國
建築
Chinese
Contemporary
史家十書
Architectural Historians
王世仁
中國建築史論選集
遼寧美術出版社

壹·建筑历史专题

明堂形制初探

制度渊源

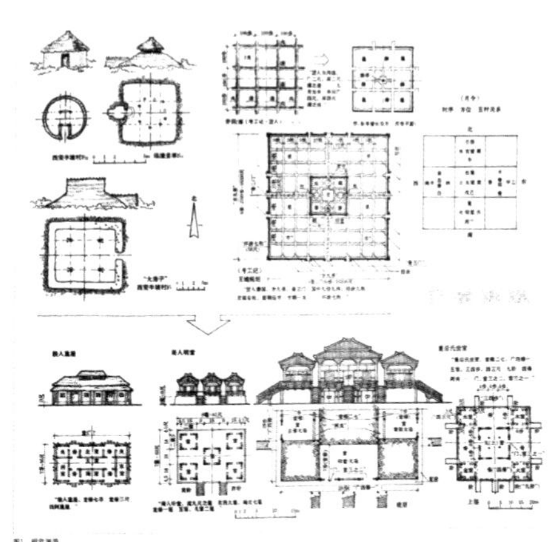

装帧设计奖

2013-

當代中國建築史家十書
Ten Books of Contemporary Chinese Architectural Historians
王世仁
中國建築史論選集

07

书名

藏传佛教坛城度量彩绘图集

出版

西藏人民出版社

设计

旦增·龙多尼玛　土多朗嘉

伍金仁真

评语

本书是由藏传佛教宁玛派六大主寺之一佐钦，大圆满寺的专业学者历经两年多完成的研究成果。书中翔实记载了60多幅藏密坛城图释及其文字详解。封面采用暗红色布质肌理，色彩浓重，深沉而浑厚；主体图形繁复精细，藏汉文并置居中构图，端庄稳重。文图均采用烫金工艺，具有雍容华贵、庄严宝相之气势。内文以藏传佛教图形为主导，通过理性分析提取隐于图形背后的格律度量，将古老而博大的宗教文化艺术淋漓尽致地展现给读者。

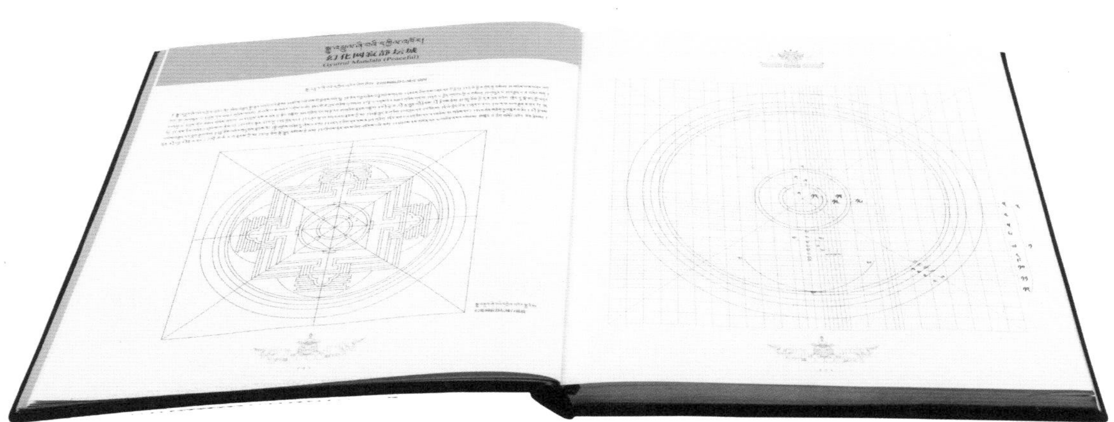

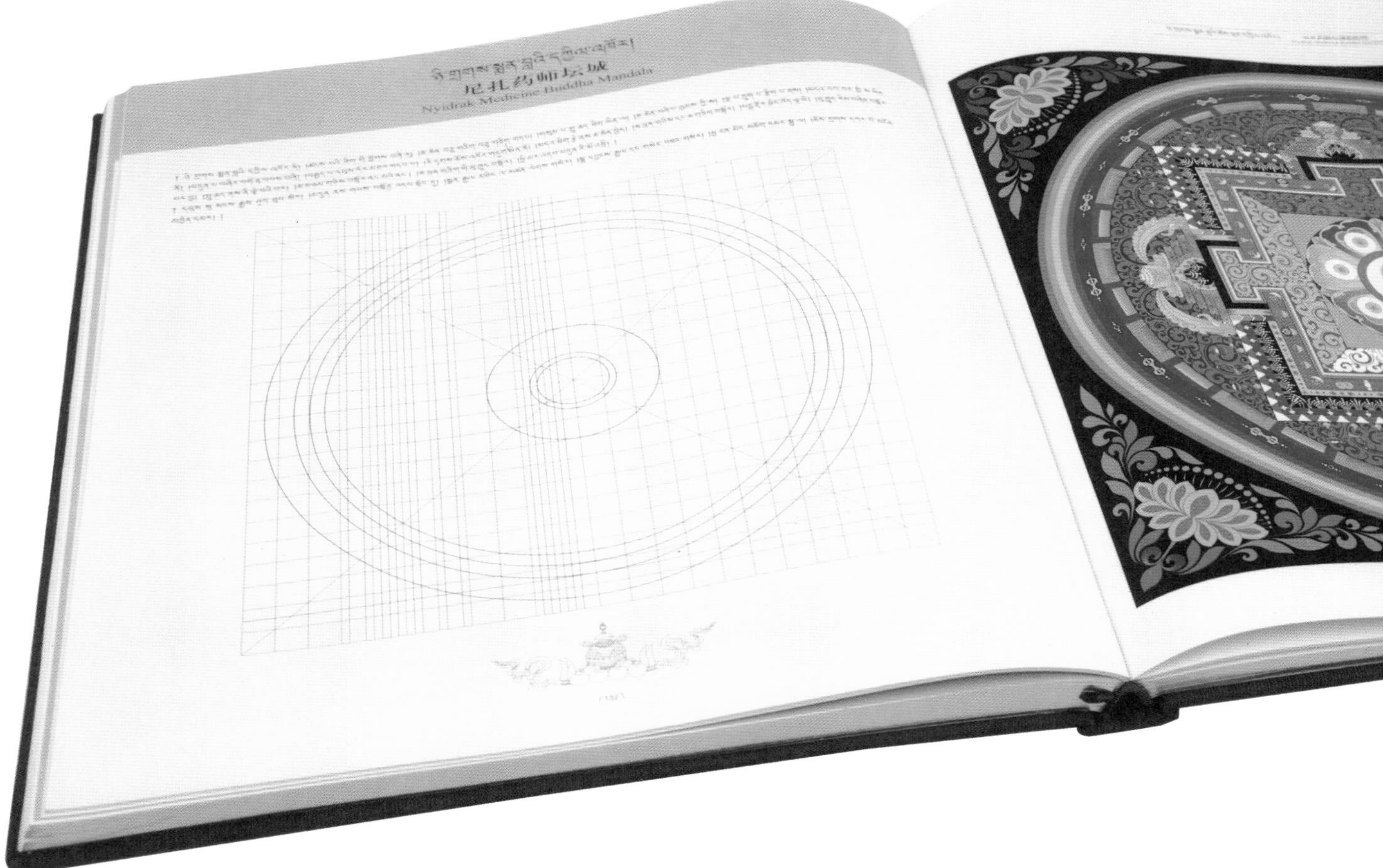

尼扎药师坛城
Nyidrak Medicine Buddha Mandala

书名

荒漠生物土壤结皮生态与水文学研究

出版

高等教育出版社

设计

刘晓翔　王洋

评语

本书在设计上将感性的泥土与理性的文字相结合，为科技类书籍营造出生动而温暖的意境，人文气息浓郁。

函盒采用毛糙质感的纸张，并将具有规律的点状图形进行烫印处理，使整本书闪烁着沙砾般的光辉。

正文选用柔韧度高的纸，耐用性强。裸背装使每个对开页充分打开，便于阅读。

切口处的点状装饰恰到好处，丰富了整体书籍的视觉表现力，并与书盒的整体设计遥相呼应。

整本书对字符、字号、间距的选择独具匠心，版式风格别致而流畅，色彩规划协调而统一，准确地诠释了内容主旨，其营造的厚重感举重若轻。

中国出版政府奖
装帧设计奖 获奖作品集
2007–2013
装帧设计奖
2013-
The Awarded Works Collection of the Chinese
Government Award for Publishing, Graphic Design Award
The Third Session 2013
李新荣 著
Eco-hydrology of
Biological Soil Crusts
in Desert Regions
of China

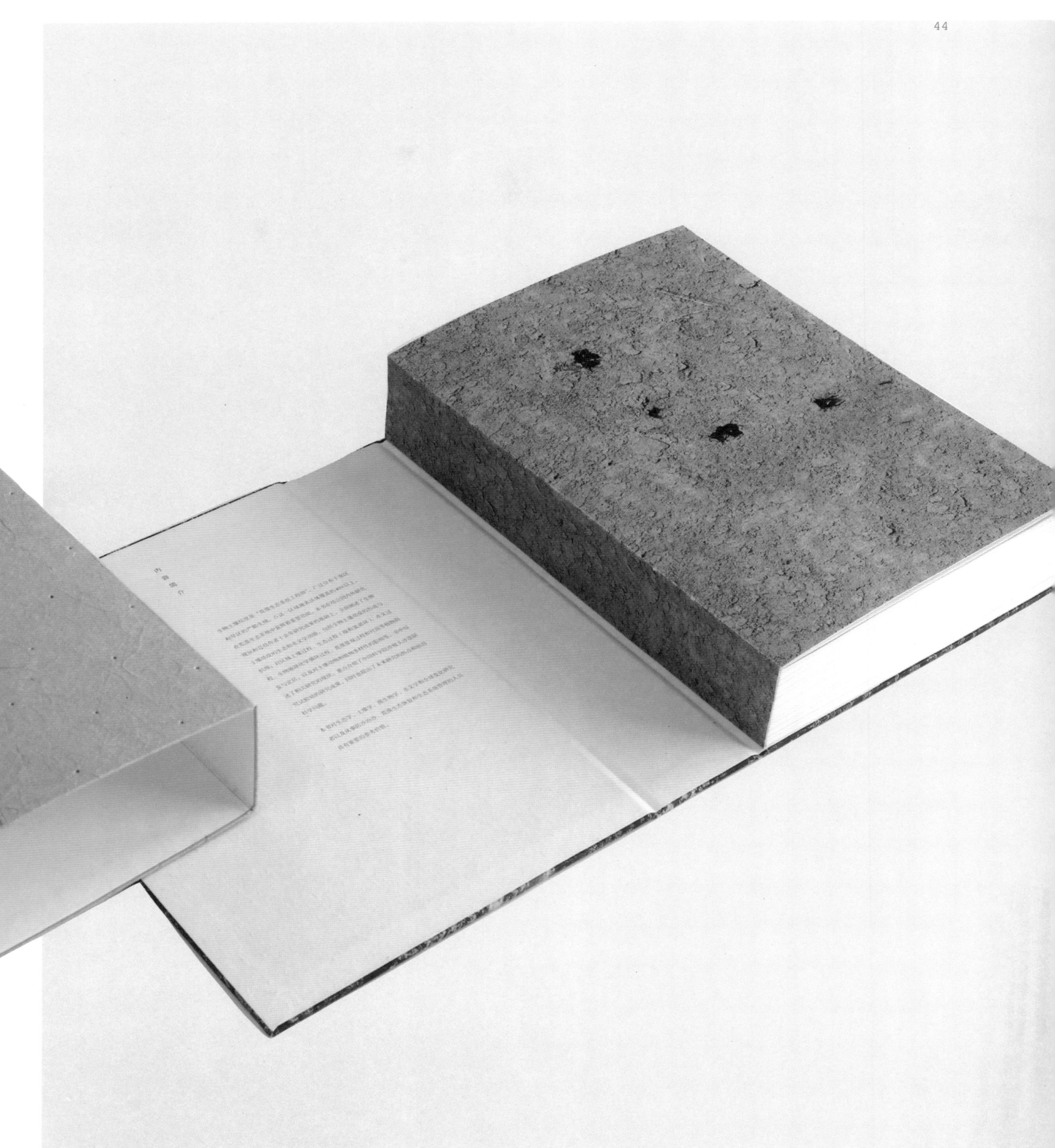
内容简介

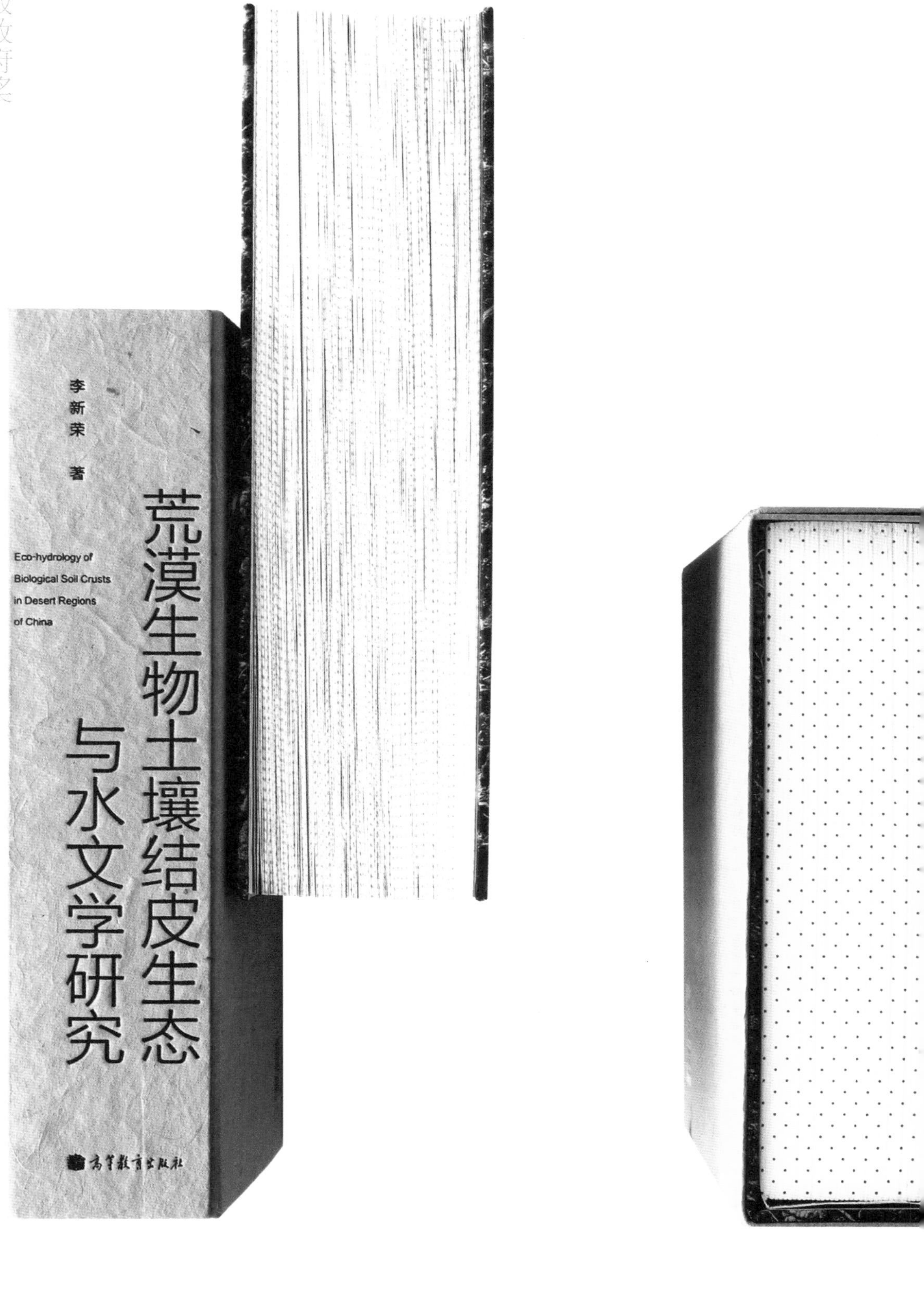

李新荣 著

荒漠生物土壤结皮生态与水文学研究

Eco-hydrology of
Biological Soil Crusts
in Desert Regions
of China

高等教育出版社

李新荣 著

荒漠生物土壤结皮生态与水文学研究

第7章

BSC对荒漠生态系统氮循环的影响

09

书名

云冈石窟装饰图案集

出版

天津人民美术出版社

设计

穆振英　李桐　陈建广

评语

本书是一部具有很高学术价值的著作，有着清晰的编辑理念。

该书采用中、英、日三种文字展现了云冈石窟 10 个类别的 180 幅精美彩图，由表及里，让读者渐进地走到内容深处，充分享受北魏图案装饰艺术的无穷魅力和民族文化的博大精深。只有这样立足于书籍内容，深刻理解书的本旨，才能“入乎其内，故有生气；出乎其外，故有高致”。

书籍为精装本，由函套和内本构成。内封烫金工艺与糙面的特种纸张结合，凸显华丽与质朴强烈对比的视觉感受。色调以灰绿色和土红色为主，充分展示出石窟装饰图案的特点。

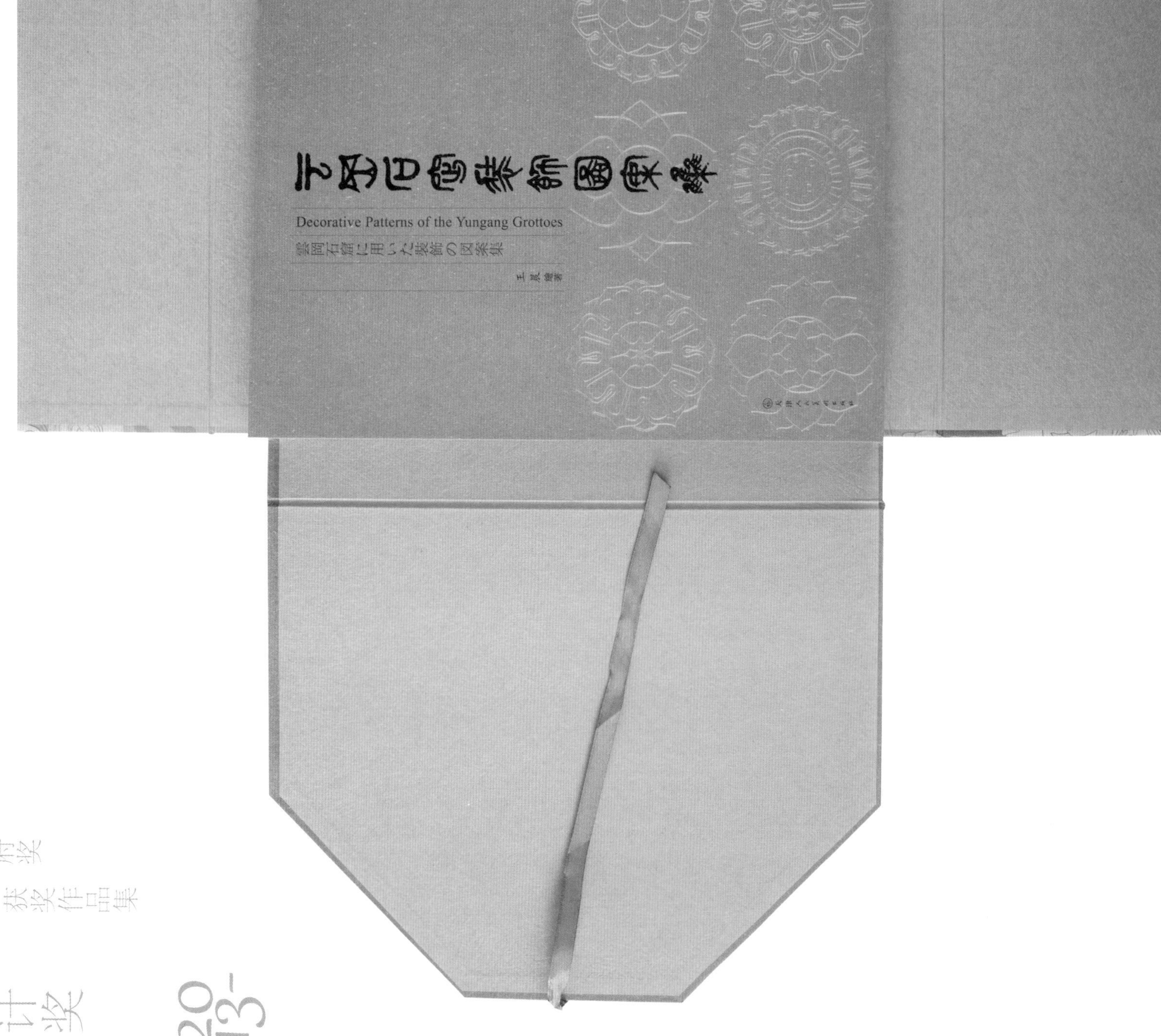
云冈石窟装饰图案集
Decorative Patterns of the Yungang Grottoes
雲岡石窟に用いた装飾の図案集
王晨 绘著

装帧设计奖 获奖作品集

2007–2013

装帧设计奖

2013-

The Awarded Works Collection of the Chinese Government Award for Publishing, Graphic Design Award

The Third Session 2013

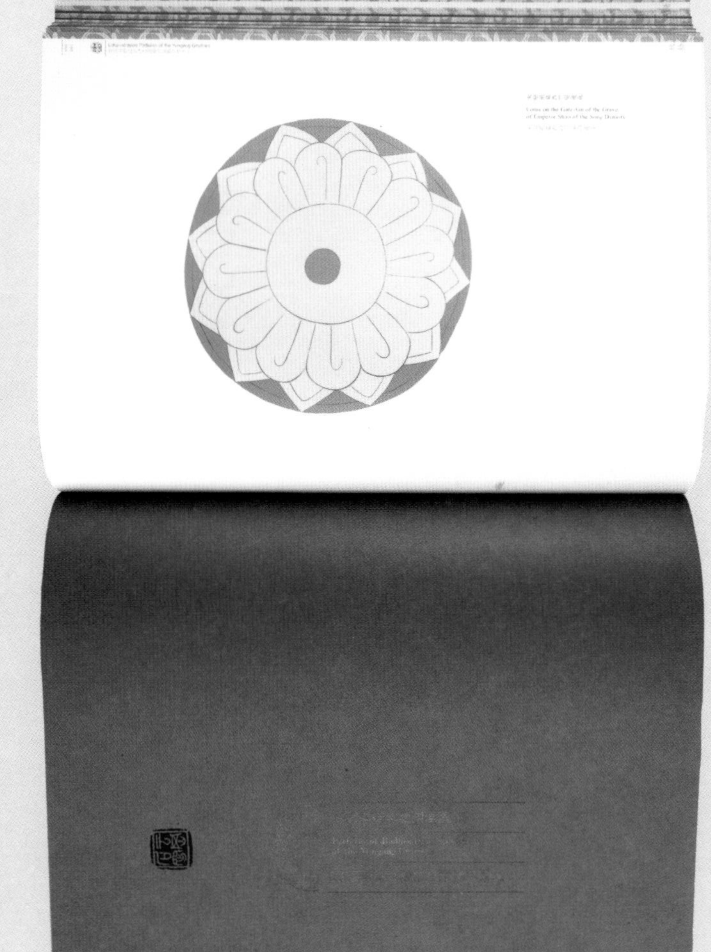

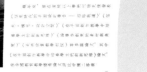

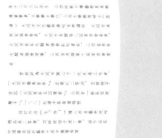

10

书名

吃在扬州
——百家扬州饮食文选

出版

江苏科学技术出版社

设计

赵清

评语

本书是扬州史上最全面、最系统的美食著作。筷子形态成为书籍整体设计的线索，贯穿始终。

函套上的筷子形态采用镂空处理，简约精致；封面上的筷子形态采用烫金与 UV 工艺相结合，利用具有穿透性的折纸形式，延续并渗透至内页，使其冲淡平和、表达细腻；扉页由筷子、食物造型的镂空形态逐层穿透至正文，最终形成南方园林的窗格纹样，极具江南地域文化特色，提升了书籍的阅读价值，体现出流动的美感。文字排版简朴清新，娓娓道来，于平淡中给人以启迪，充分体现了文学性陈述特点。

吃在扬州
百家扬州饮食文选
江苏科学技术出版社

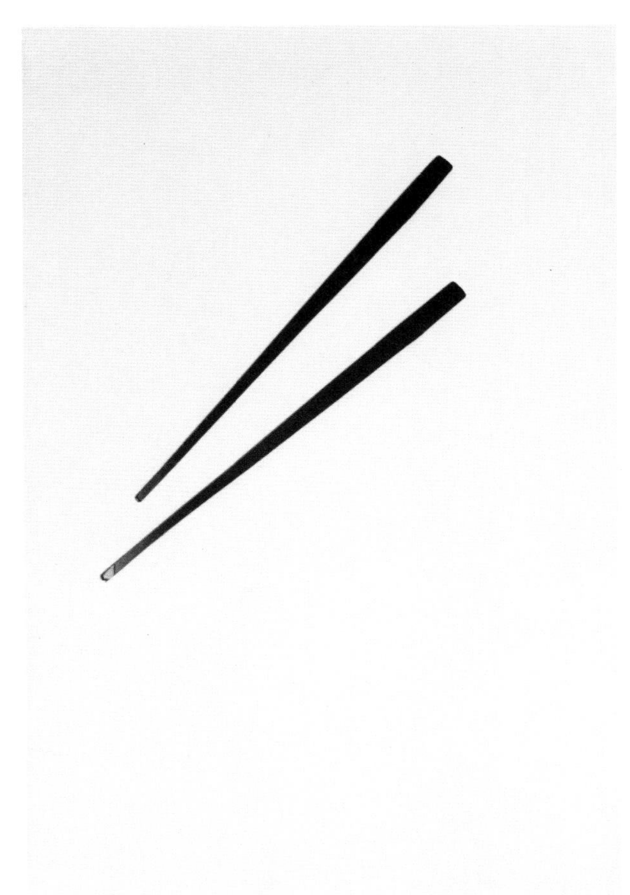

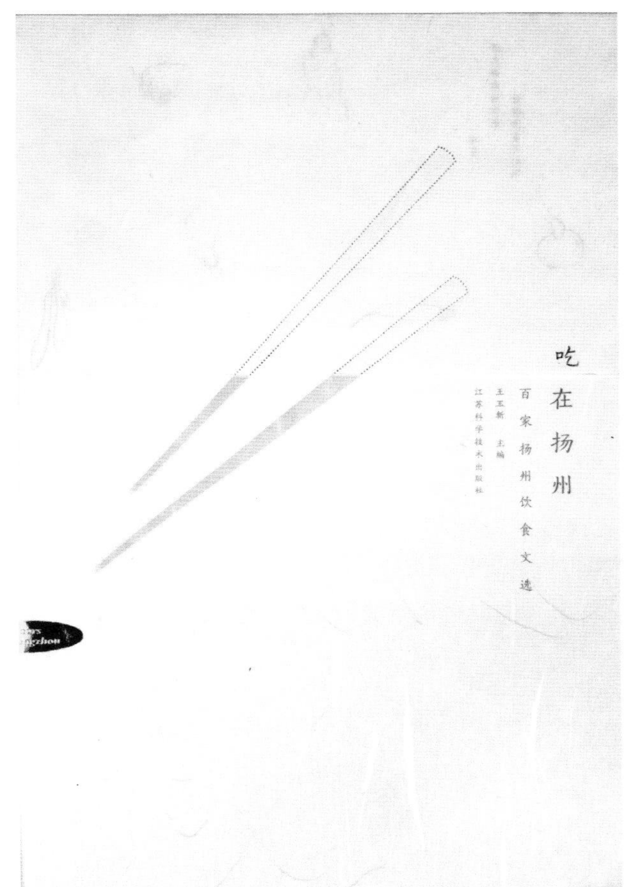

菜点掌故

乾隆盛赞的五丁包 徐永清

我是富春茶社的常客。一次我和爱女正在品茗尝点，临桌有个老者竟拍案哭泣起来。经打听，老者是扬州籍的华侨，已在国外漂泊了六十余年。老者能在有生之年，回到魂牵梦绕的故乡省亲，能再次饱享到刻骨铭心的五丁包子，这一切对他来说恍如梦幻，喜极而泣。这真切的一幕，令周围的好些人，感动得两眼湿润。临行之际，老者又买了四五十个五丁包子，满满一大包。老者说，是专门带给已在国外生根的儿孙，让他们牢记故乡，牢记故乡的美食。

《人民日报·海外版》2003年4月28日

秦邮三鱼肴 聂凤乔

菜，吃来柔嫩鲜美之至，远较任何鱼片柔细腴嫩，加上取抓浆、划油、滑熘的方法烹制，出来的效果是迷人的。我吃过多次黄颡鱼，想不到它会出现如此美妙的效应，中国烹调术又一次显示了它的神奇！

高邮市的烹调师们还琢磨出了“秦邮十大名菜”，装点了当地的饮食天地，为秦少游的故乡添上了诱人的一笔。这个出产高邮麻鸭和双黄鸭蛋的地方，有了更令人迷恋的特色了。

《江苏旅游报》1991年10月23日

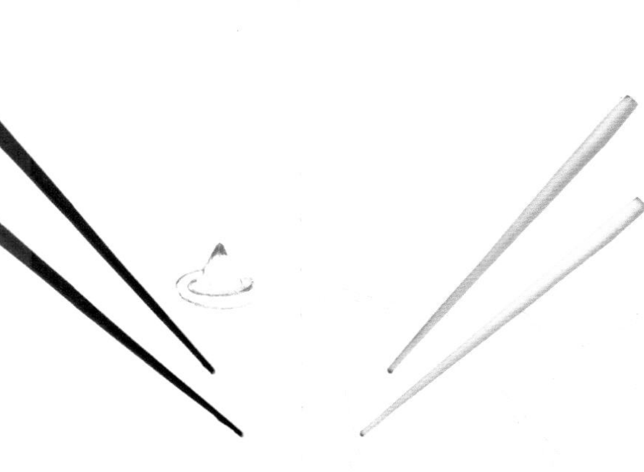

中国出版政府奖

装帧设计奖 获奖作品集

2007–2013

装帧设计奖

The Awarded Works Collection of the Chinese Government Award for Publishing, Graphic Design Award

The Third Session 2013

2013-

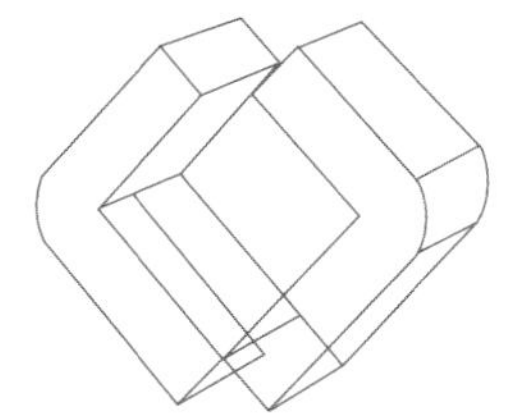

中国出版政府奖

装帧设计提名奖

2013-

01

书名

竹笛艺术研究

出版

人民音乐出版社

设计

罗洪

评语

这是一部关于竹笛研究、演奏教学、演奏技术在现代音乐中的应用及艺术流派的音乐理论著作。设计者考虑到该书是音乐理论书的特点，紧扣主题，将传统乐器竹笛的形态概括、提炼，腰封的镂空工艺与封面的击凸工艺，将竹笛的吹孔和轮廓清晰地表现出来，恰到好处。腰封的书名部分采用压凹、烫金工艺，使书名极富艺术美感。

封面选用反光淡粉色特种纸印刷，扉页选用荧光红色，凸显艺术个性，洗练疏朗，赏心悦目，呈现出现代设计的品质。内页版式简练，文理清晰，彰显出理论书籍的严谨。

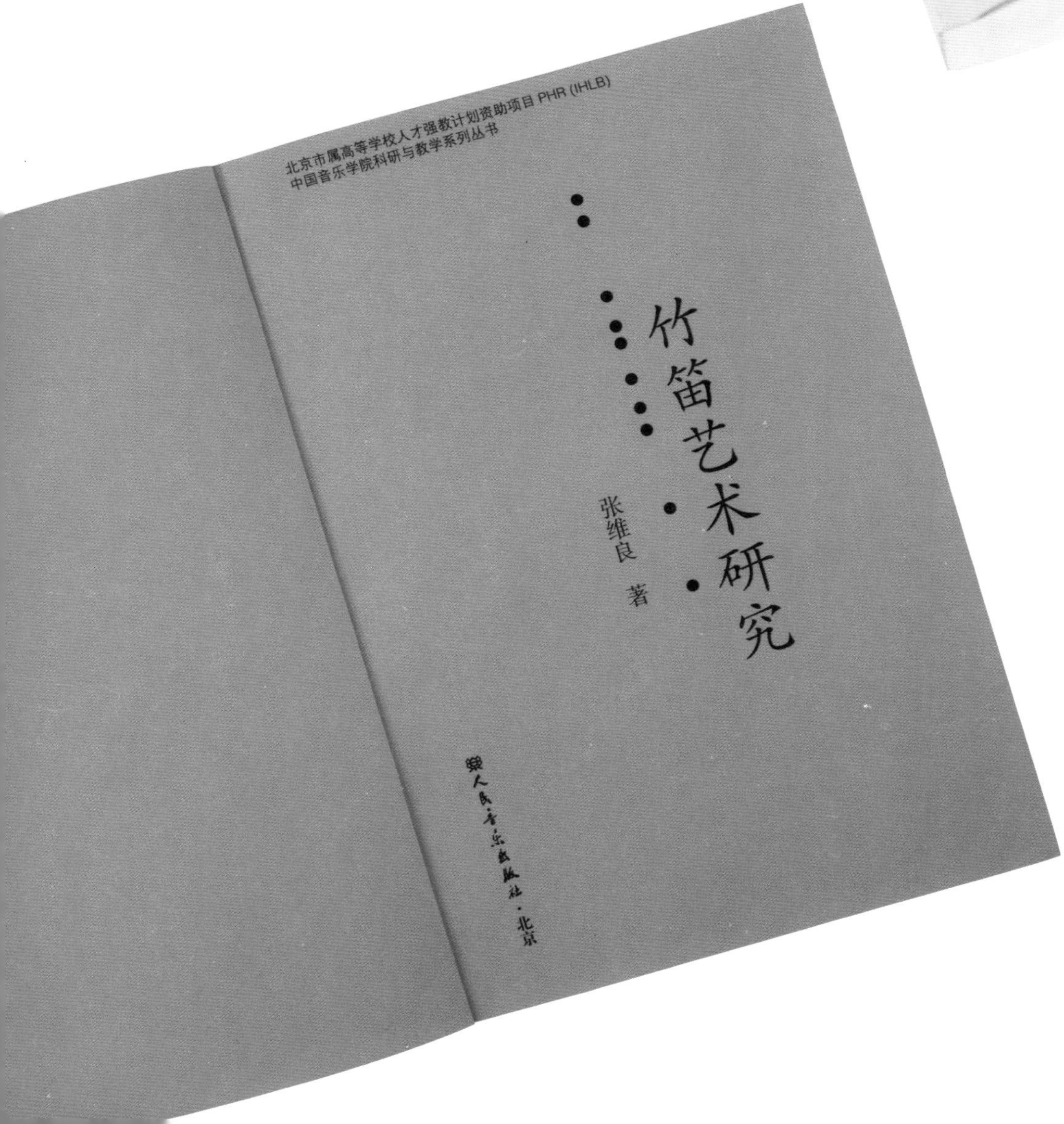

北京市属高等学校人才强教计划资助项目 PHR (IHLB)
中国音乐学院科研与教学系列丛书

竹笛艺术研究

张维良 著

人民音乐出版社·北京

02

书名

中国设计全集

出版

商务印书馆　海天出版社

设计

李杨桦

评语

《中国设计全集》(全套共20册)是国内高等院校设计艺术学科首次针对中国古代设计史梳理与研究的成果。全书以设计学为主，结合考古学、民俗学、机械学、图像学、艺术学、符号学等综合学科，进行较为全面的深入分析。其权威性、前沿性、创新性与规模的宏大都在中国设计学术研究史上具有标志性意义。

本套书的设计主旨是展现传统文化意蕴，大气精雅，适合典藏与查阅。20册书每一册均有独立函套，函套四个窄边使用金色纸带棕色暗花，米色纸贯穿正反两个主面。整套书对三千个经典案例的四大设计要素（功能、材料、工艺、形态）进行了详细的剖析，图文之间有密切而复杂的关系。本书选材与工艺相得益彰，内容与设计完美结合，体现了很高的学术性与权威性。

装帧设计提名奖

2013

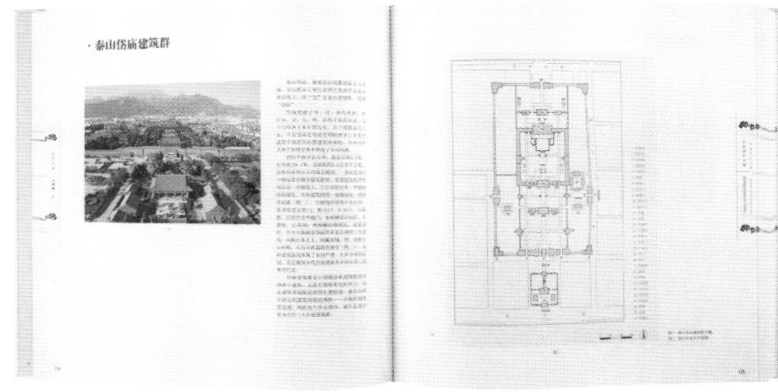

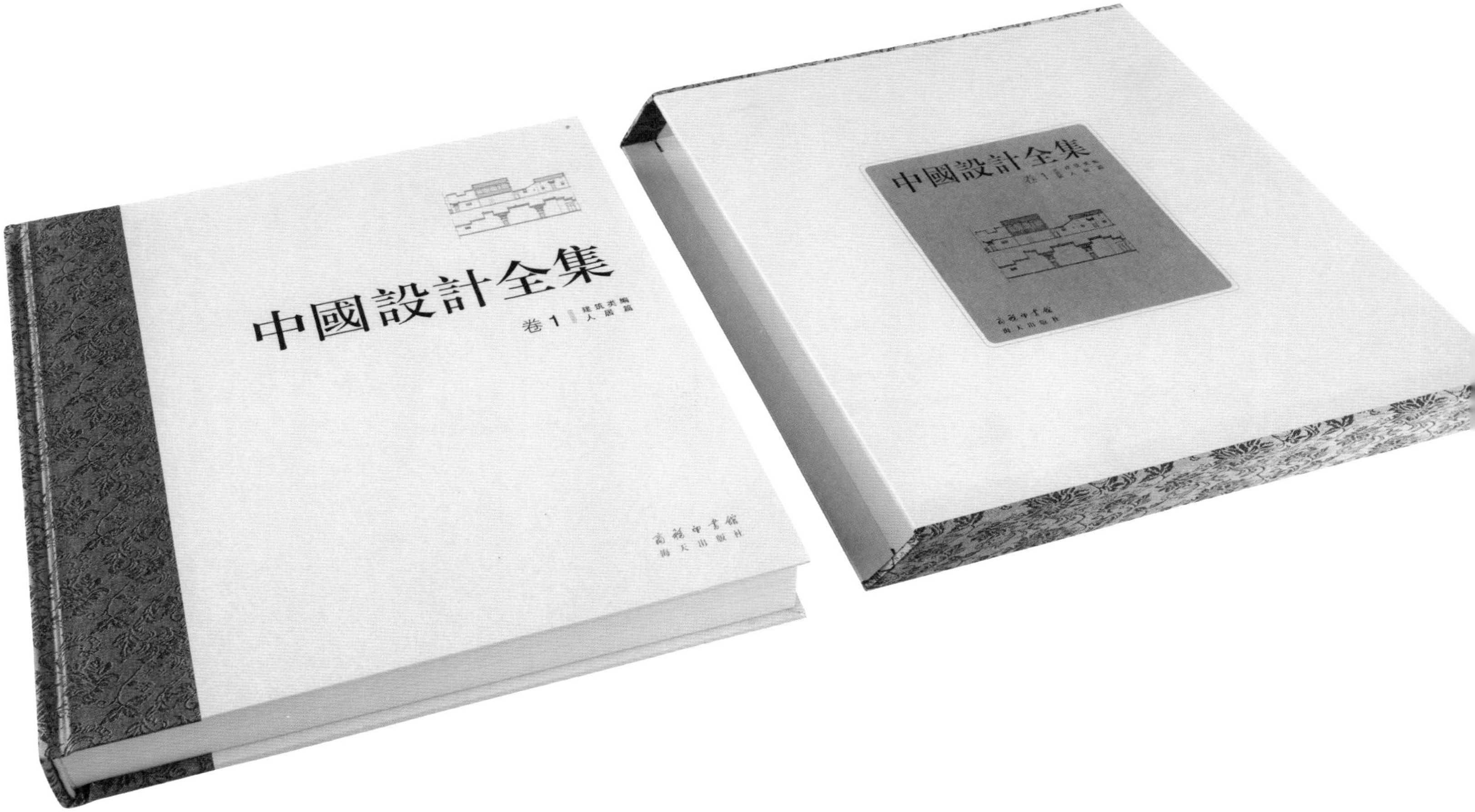

中國設計全集

卷1 建筑类编 人居篇

商務印書館
海天出版社

03

书名

砚史笺释

出版

生活 · 读书 · 新知三联书店

设计

陆智昌

评语

《砚史笺释》是清代著名书画家高凤翰所藏砚品之谱录。由藏书家田涛、书法家崔士篪两位先生合作详加笺释。

全书收砚一百六十五方，所拓砚图一百一十二幅。封面采用砚台拓片，石鼓文书名使用深金色印刷，颇具古意，黑、白、金三色简约明快。印章与释文的设计更是给人一种“粗中有细”的艺术视觉感。

本书是由右及左的仿古翻阅方式，让读者刚接触到书，就仿若身临其境，有感于心。作为浓缩了高凤翰一生藏砚、制砚、铭砚之艺术成就的大成之作，书内文的图片全部以墨黑呈现，文字编排采用竖排版方式，条理清晰，内容详尽，层次明朗。设计上删繁就简，突出主题，文图相得益彰，充分体现了“诗意入砚、画法入砚、印艺入砚、画意入砚、纵横交织、相容并包”的意境与追求。

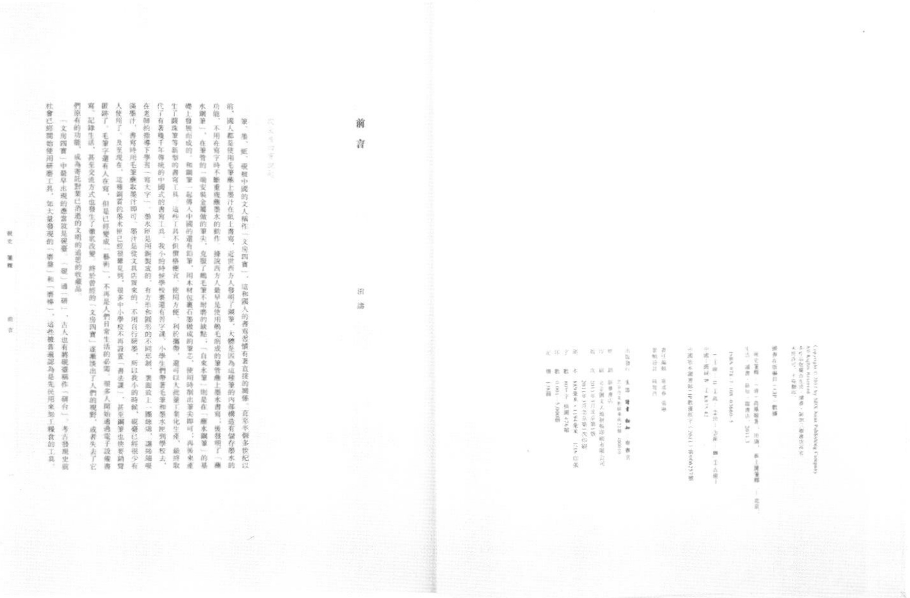

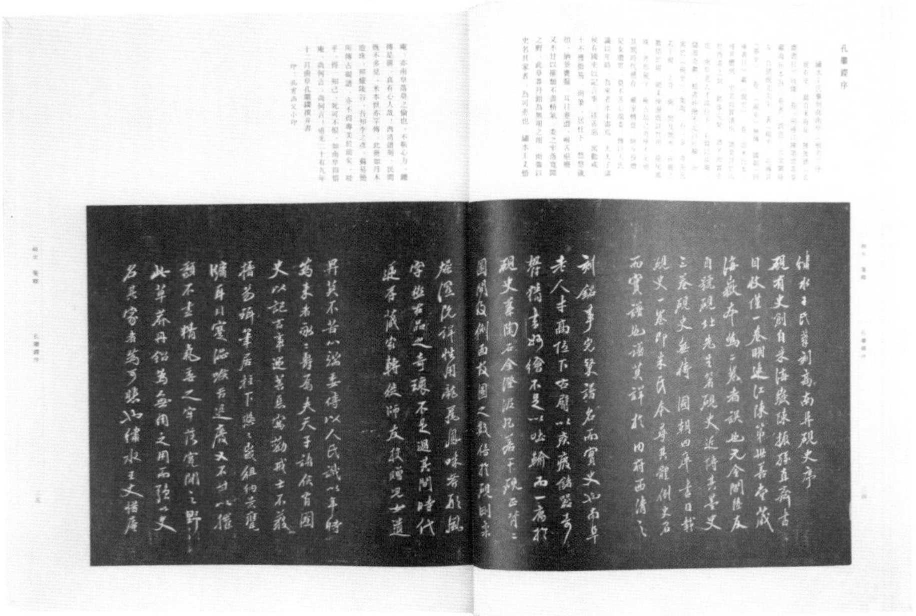

04

书名

格萨尔唐卡研究

出版

中华书局

设计

张苹　康燕

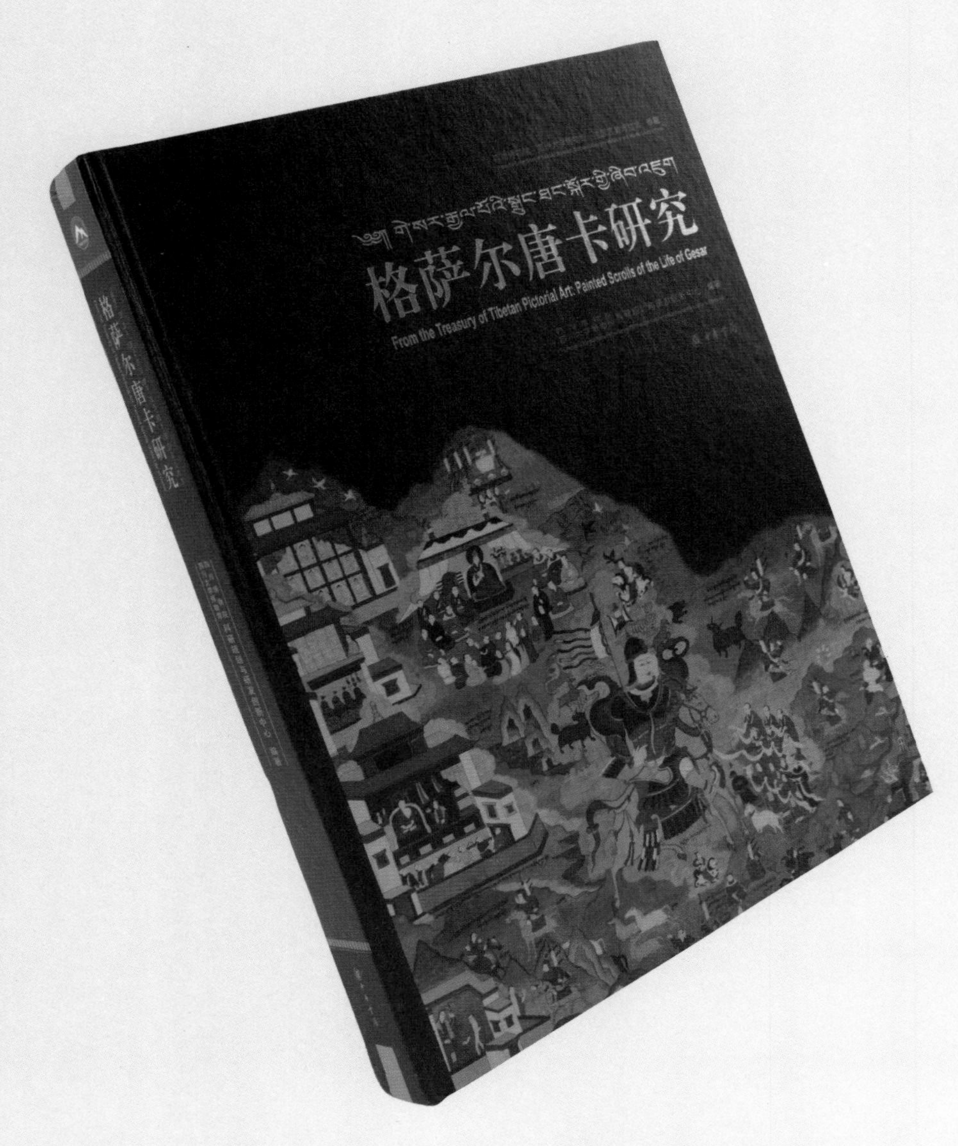

评语

本书收录了四川博物院院藏的一套完整的格萨尔唐卡，共11幅，描绘了藏族史诗英雄格萨尔波澜壮阔的一生，内容极其丰富。

在设计上突出藏族文化，封面选用藏蓝色为底色，截取山形轮廓的唐卡局部体现青藏高原的地形特点；文字采用烫金工艺，突出藏族喜用金银的地域特色。

内容上，以格萨尔为主尊的唐卡，其色彩明快鲜艳，衬托在深蓝色背景上，具有较强的视觉冲击力，富有民族艺术中独特的热烈、奔放的韵味。

文字内容的表达简约大气，中、英、藏三语突出民族性、国际性与学术性。

内文版式的设计，其书眉和篇章页强调了藏红、粉绿和浅灰的色彩组合，并贯穿全书，使内外和谐统一。

本书在制作选材上适度且不奢侈，衬纸用芦苇灰的手揉纸，古朴雅韵。

中国出版政府奖
装帧设计奖 获奖作品集
2007–2013

The Awarded Works Collection of the Chinese Government Award for Publishing, Graphic Design Award
The Third Session 2013

装帧设计提名奖

2013-

四川博物院 四川大学博物馆 法国吉美博物馆 珍藏
From the Collections of Sichuan Museum, Sichuan University Museum and Musée Guimet, Paris

༄༅། གེ་སར་རྒྱལ་པོའི་སྒྲུང་ཐང་སྐོར་གྱི་ཞིབ་འཇུག

格萨尔唐卡研究

From the Treasury of Tibetan Pictorial Art: Painted Scrolls of the Life of Gesar

四川博物院 四川大学博物馆 科研规划与研发创新中心 编著
Compiled by Scientific Research Planning and R&D Innovation Center of Sichuan Museum & Sichuan University Museum

中华书局

05

书名

中华书局藏徐悲鸿书札

出版

中华书局

设计

丰雷

评语

《中华书局藏徐悲鸿书札》中所收信札，均系徐悲鸿先生与中华书局负责人的往来信函，从信札中可以看到悲鸿先生艺术成就之外的种种侧面，包括奖掖后进，忧心时事，以及他个人的情感经历。这批信札对于研究悲鸿先生的生平经历是举世仅有的珍贵材料。

本书吸取了古籍装帧特点，风格简约大方，延续了古籍文字竖排版的阅读方式呈现内容。函盒以古籍书匣式，外裱深灰色亚麻布贴实木拓片，四面开启，牛角扣固定，试图从触觉、视觉上达到庄重典雅、书卷气韵浓厚的效果。书籍摒弃西式左翻装订方法，采用传统右翻包背装，既符合传统竖排版式章法，又呼应了古书传统阅读习俗。封面雅致，呈米白色古调，黑色标题字洒脱自如，压凹书法字丰富层次。内文天头地脚留白考究，信札内容清晰翔实，细腻文雅，内敛舒适。

装帧设计提名奖

2013-

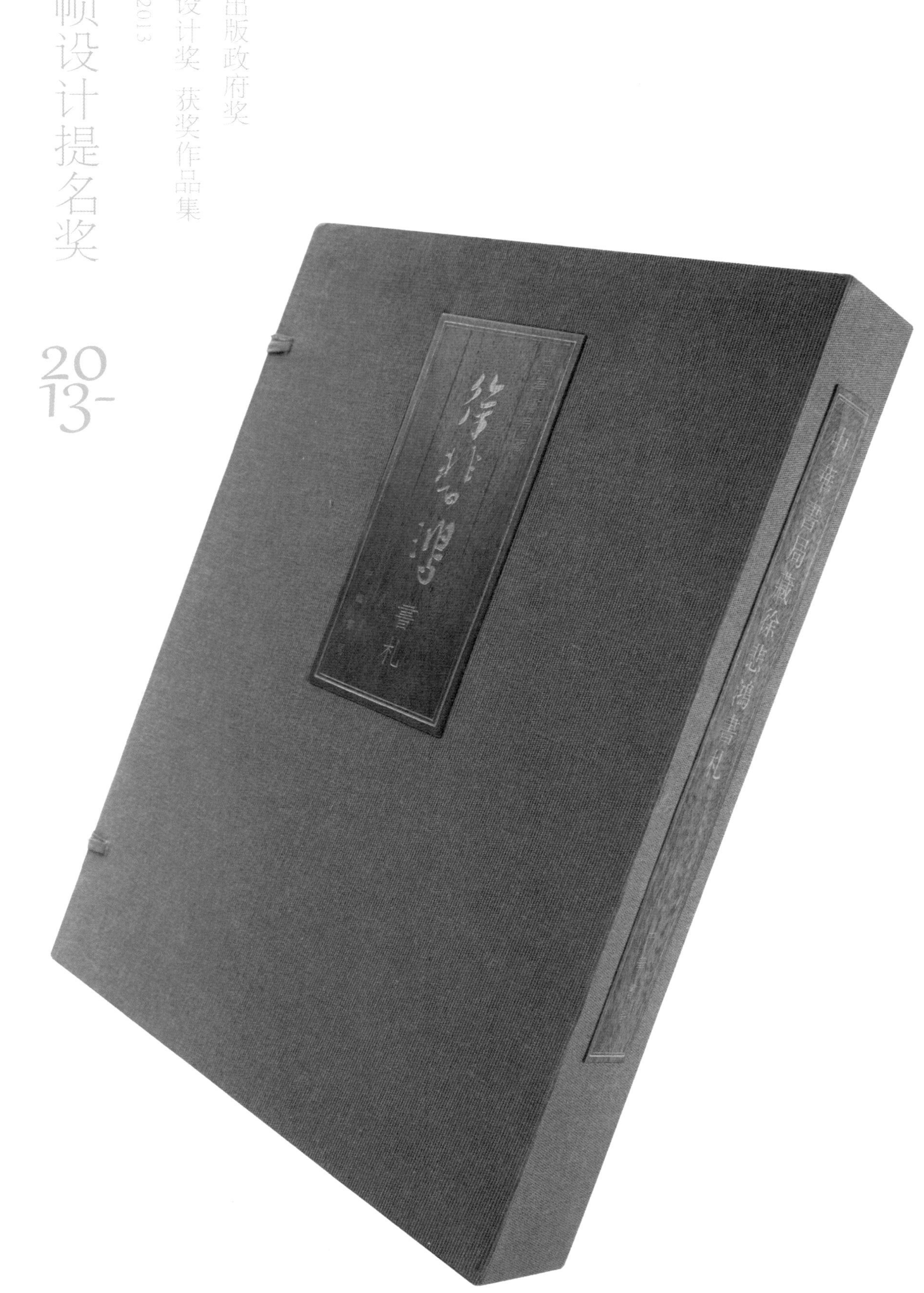

中華書局藏徐悲鴻書札

中華書局

中華書局藏徐悲鴻書札

中華書局

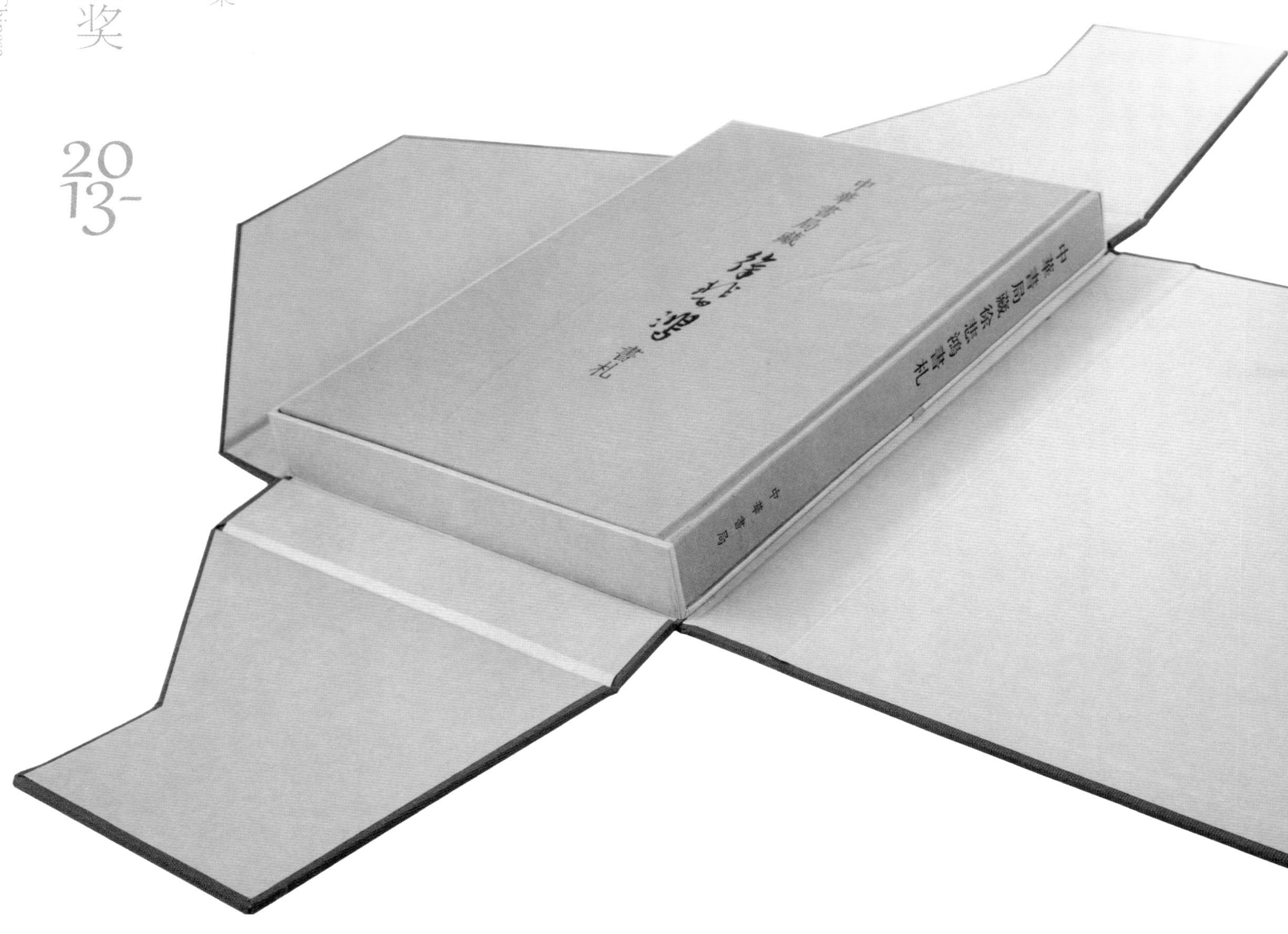
中华书局藏徐悲鸿书札
中华书局

06

书名

荷衣蕙带——中西方内衣文化

出版

人民美术出版社

设计

徐洁　霍静宇

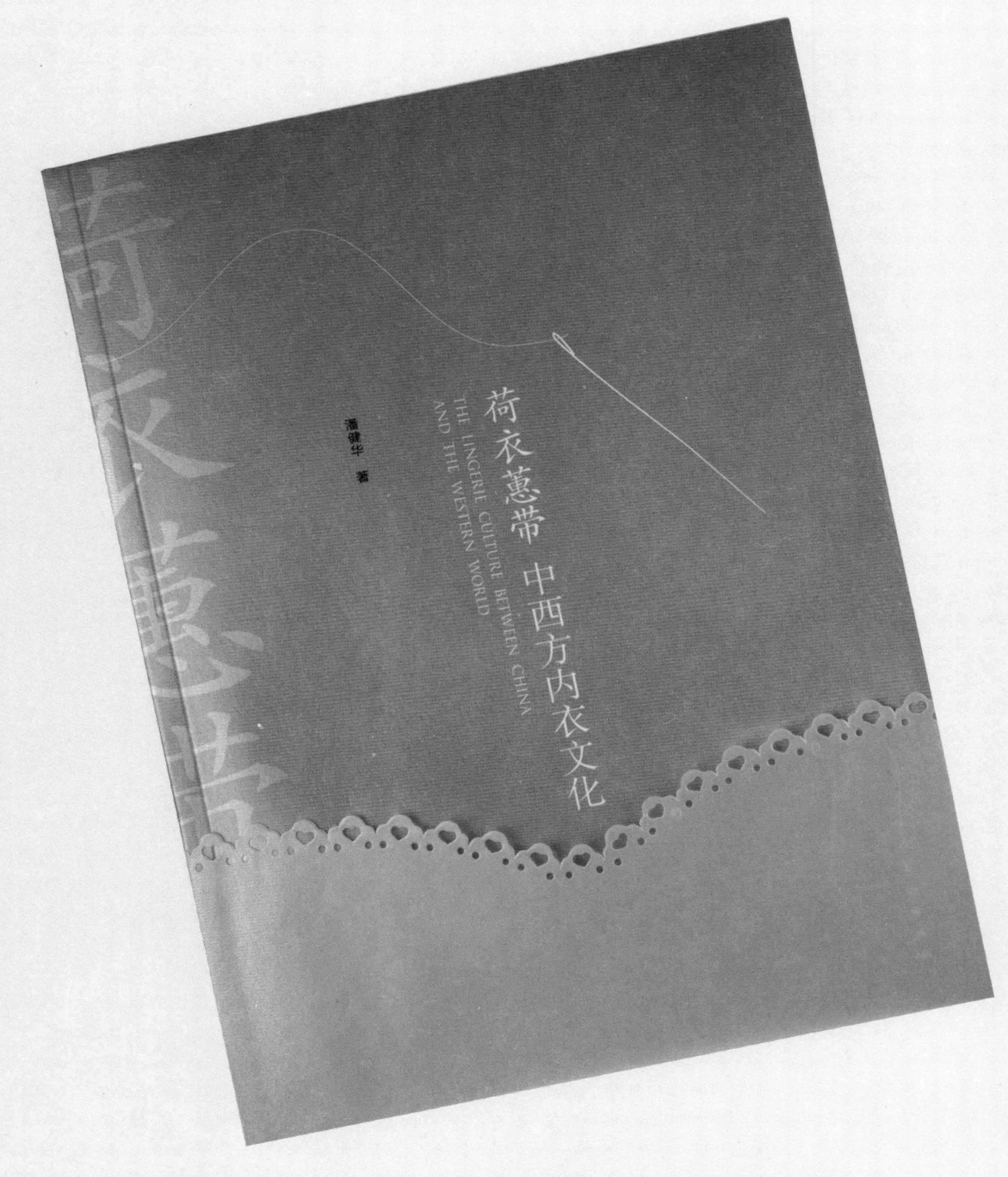

评语

《荷衣惠带——中西方内衣文化》是一本研究型的著作。该书理清中西方内衣文化的思想脉络，梳理中西方内衣文化的各方各面。作者在长期收藏、整理、考析中西方内衣物件的特点与文化的过程中，凭借一件件遗存的精美内衣，邂逅相悟，深度交流，勾起了对中西方内衣文化的品位思量与热情冲动。

本书设计定位准确，表意切题，设计师为该书的设计定下了高贵气质的基调。

书籍的整体设计彰显了女性端庄、秀美、温润的特质。封面设计采用粉色基调，简略的穿针引线图案展示出内衣文化的属性。腰封设计更是本书设计的一大亮点，依内衣轮廓做了模切造型，契合书籍的内涵。内页疏朗，章节页颜色搭配与封面的整体设计浑然一体，协调统一。

装帧设计提名奖

2013-

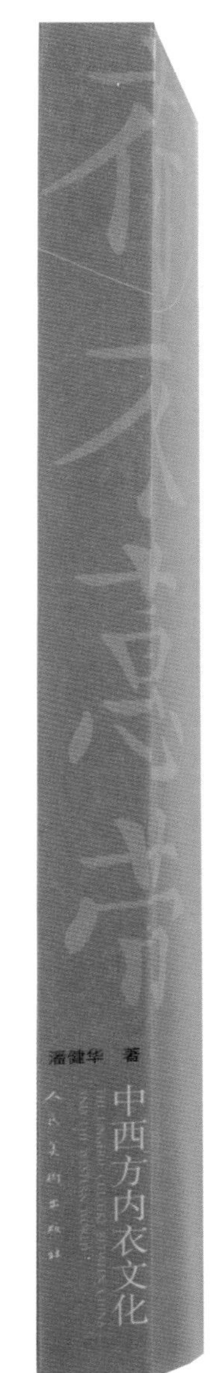

07

书名

金克木集（8 卷）

出版

生活 · 读书 · 新知三联书店

设计

蔡立国

评语

本书是我国著名文学家、翻译家、学者金克木先生的文集。

文集的设计最易流于平庸，而这套书的设计采用了简约精致、大气朴素的设计风格，以反映作者学贯中西的大家气质。

封面用中国传统味道极浓的绛红色调，正中浅米色藏书票形色块将书名和作者像嵌入其中，成为视觉中心。

书名选用字集用碑体，与版画效果的作者像相映成趣。浅米色贯穿书脊与内页，整体设计风雅独韵，别有一番典藏气质。

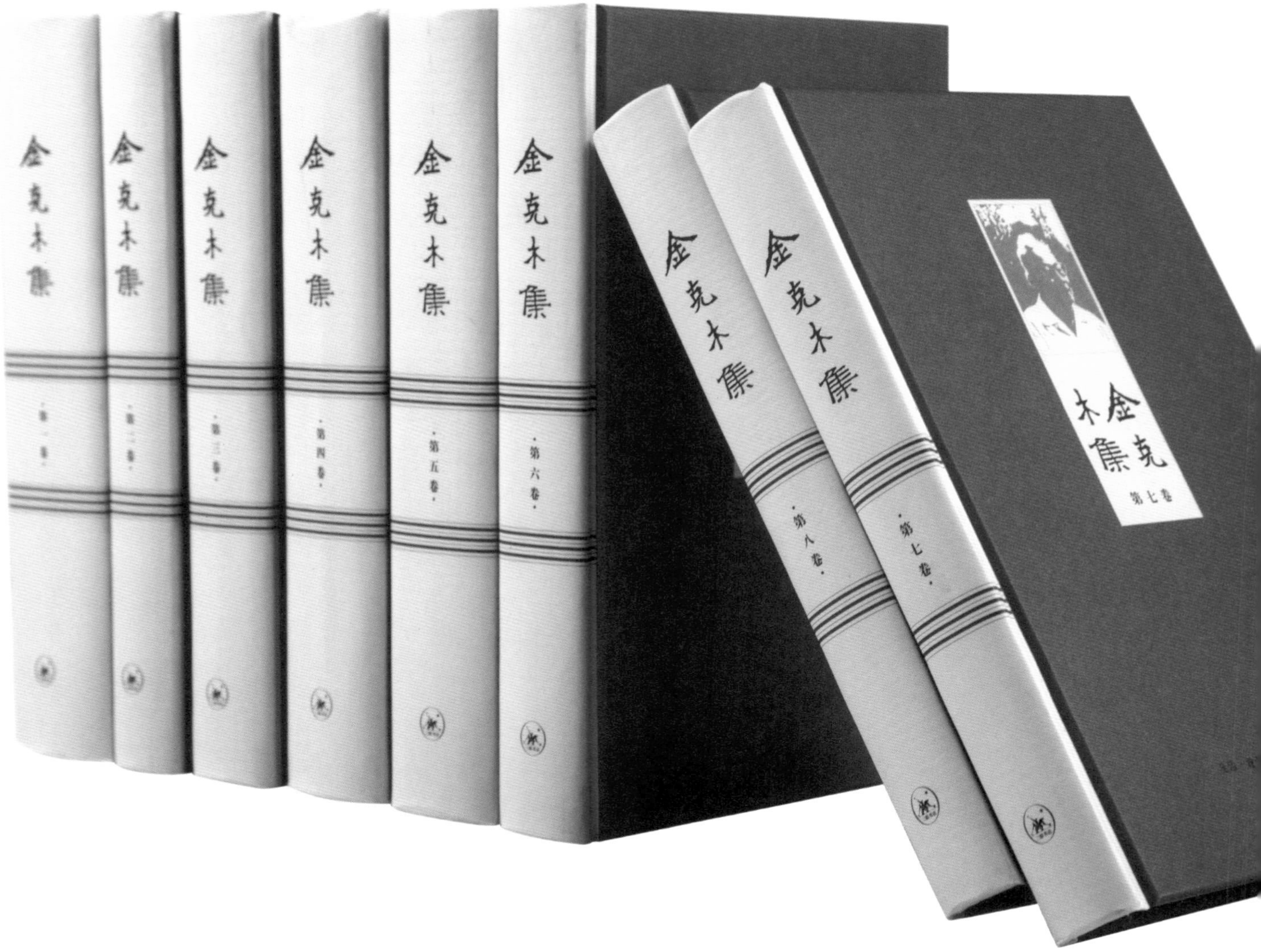

金克木集
·第四卷·
金克木集
·第五卷·
金克木集
·第六卷·
金克木集
·第八卷·
金克木集
·第七卷·
金克木集
第七卷

08

书名

山西文化资源地图

出版

山西教育出版社
山西科学技术出版社

设计

王春生　刘志斌

评语

本书详细记录了山西的历史人文、建筑艺术、自然景观、民情风俗、特色文化等内容。书籍装帧形式为精装，封面元素利用汉字偏旁部首构成 “山西地图”的形态，视觉语言简练，创意鲜明，含义深刻。
腰封选用黑色特种纸张，特殊印刷工艺（UV）的图案与帆布材质的封面巧妙构成一个整体。内页版式选用竖排的传统编排方式与大幅跨页的图片形成一个整体，既有传统韵味，又不失现代感，充分传达出山西的历史文化与当代特色。

CHAPTER TWO
第二编
MAP
山西文化资源地图
建筑艺术 编
The Resource Map of Shanxi Culture

RESOURCE MAP OF
SHANXI CULTURE
山西文化资源地图
山西出版集团 山西教育出版社 山西科学技术出版社

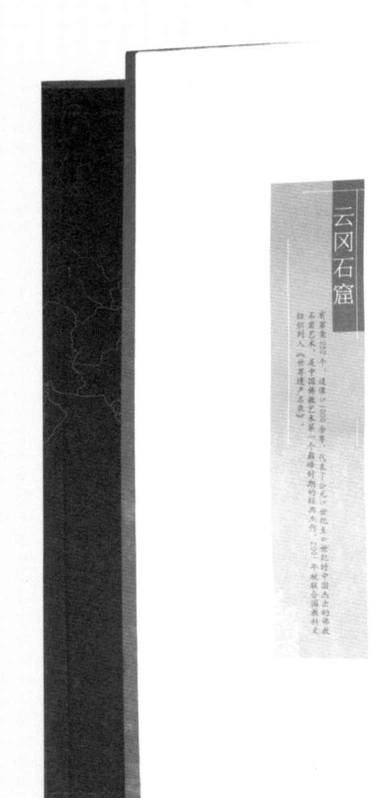
云冈石窟

09

书名

7+2 登山日记

出版

北京大学出版社

设计

张志伟

评语

《7 + 2 登山日记》是一本极为奇特的书，它是诗集，亦是日记，更是心灵与情感最真实的记录。

作者骆英是一位诗人，一位成功的企业家，也是一位登山探险爱好者。他用 20 个月的时间，完成了七大洲的最高峰和南北极点的登山挑战。在登山的过程中，作者坚持写作，以诗歌的形式完成了自己的“7+2 登山日记”。象征皑皑雪山的白色、天地与巅峰交汇处山影里的灰蓝色是贯穿全书的主色。

函套质感的把控，大面积余白处理，突出微小的登山杖与标题字，充分带动读者展开联想，传达出雪山的清冷、粗粝。

封面动物尸骨图形处理，映射生命的脆弱、雪山的孤寂。内文对图像单色弱化表现加上作者的手迹，烘托出诗人攀爬七大洲最高峰和行走南北两极过程的生命诗意。

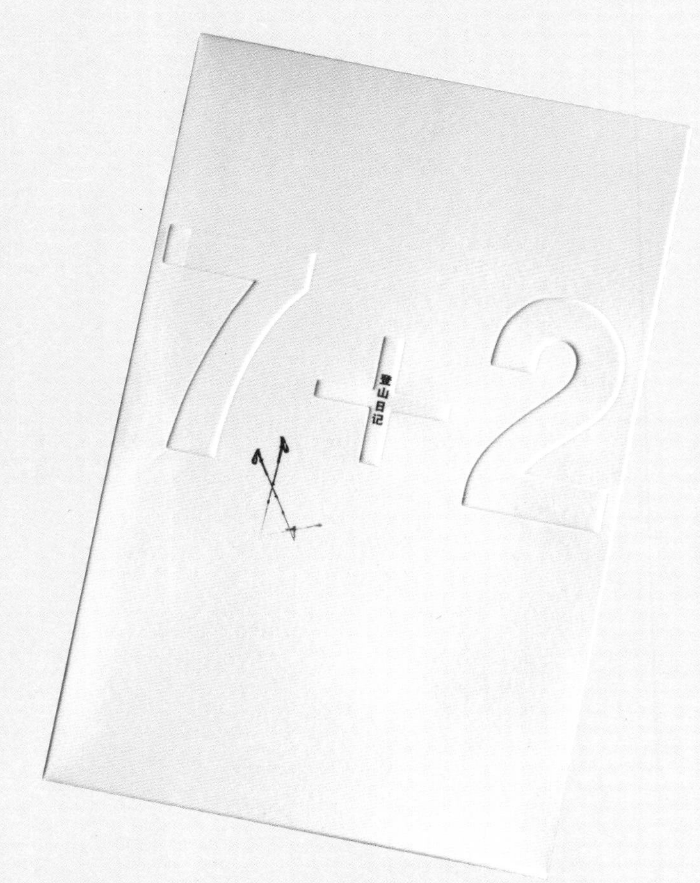

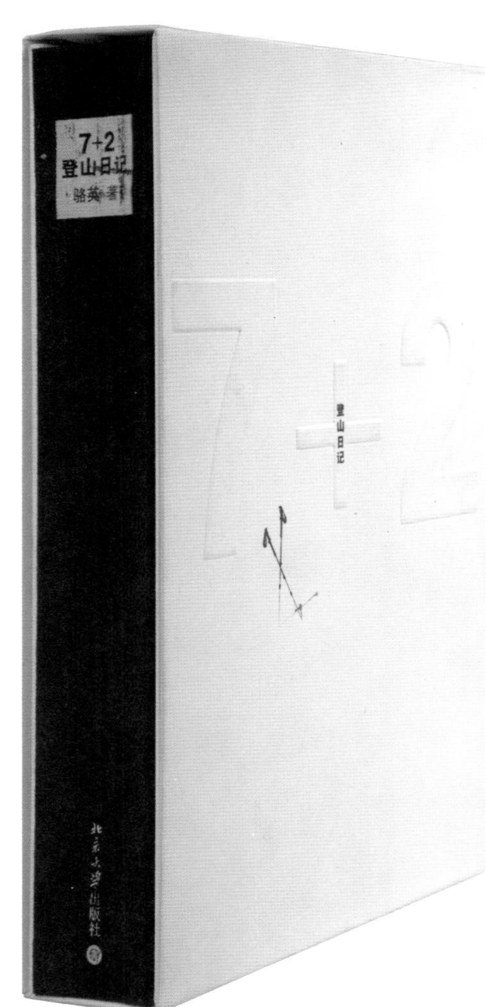
7+2
登山日记
骆英 著
登山日记
北京大学出版社

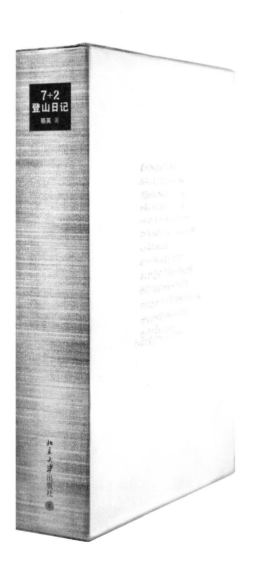

7+2
登山日记
骆英 著
北京大学出版社

7+2
骆英7+2登顶纪录
登顶北美洲最高峰
登顶欧洲最高峰——厄尔布鲁士峰
抵达南极点
2010年1月5日06 26
登顶南极洲最高峰——文森峰
2010年1月21日09 20
登顶南美洲最高峰——阿空加瓜峰
2010年2月17日
再次登顶非洲最高峰——乞力马扎罗峰
2010年5月17日13 00
登顶世界最高峰——珠穆朗玛峰
2010年7月29日07 30
登顶大洋洲最高峰——查亚峰
2011年4月13日17 10
抵达北极点
2011年5月20日05 05
再次登顶世界最高峰——珠穆朗玛
另：
2007年7月21日10 10
登顶世界冰山之父——
2008年10月2日10 30
登顶世界第六高峰——

中国出版政府奖
装帧设计奖　获奖作品集
2007–2013

装帧设计提名奖

The Awarded Works Collection of the Chinese
Government Award for Publishing, Graphic Design Award
The Third Session 2013

2013-

10

书名

顾城诗选——暴风雨使我安睡

出版

北京十月文艺出版社

设计

金山　韩笑

评语

顾城是当代著名诗人。他的诗，书画感极强，所以设计者打破了一般的封面设计概念，选用了顾城一画，线条活泼，充满了幽默感和诗意。

封面的制作采用击凸工艺，增加了画面的精致感和层次感。

童话和哲思都是顾城的诗之特色，由诗文与插画构成的内文版式疏密有致，淡淡的暖色调为书籍增添了温馨、优雅。

目录与内文部分的版式设计大量留白，这种虚实相生的淡雅之感使得读者的遐想空间更为广阔，油然而生的是对诗意的体悟。

内文与封面设计相互映衬，更显书籍格调统一，设计精妙。

装帧设计提名奖

2013-

11

书名

石墨因缘——北堂藏齐白石篆刻原印集珍

出版

上海人民美术出版社

设计

袁银昌

评语

齐白石的篆刻笔力雄强刚毅，章法变化多端，总结为一句话就是“务追险绝而复归平正”。其一生所刻印章在三千方左右，本书的设计选取齐白石的篆刻作品为例，辅以例图剖析，适当以文字阐述其主要特征，给篆刻初学者或有兴趣的研究者以参考。

设计师采用前期摄影构思与后期书籍设计为一体的创作表现手法，图案清晰，玉石质感细腻，尤其是作者在设计时将图案放大，能将刻章的刀法展现得淋漓尽致，既具观赏性，又具有实用性。

印刷在艺术纸的选取上更显高雅、大气，装帧也十分精良，无论是材质还是做工，每处细节都非常耐看。

版面设计编排极具中国传统艺术表现形态，融入现代书籍设计的审美取向，使整体设计既具传统的文化韵味又具现代书籍设计表现的张力。

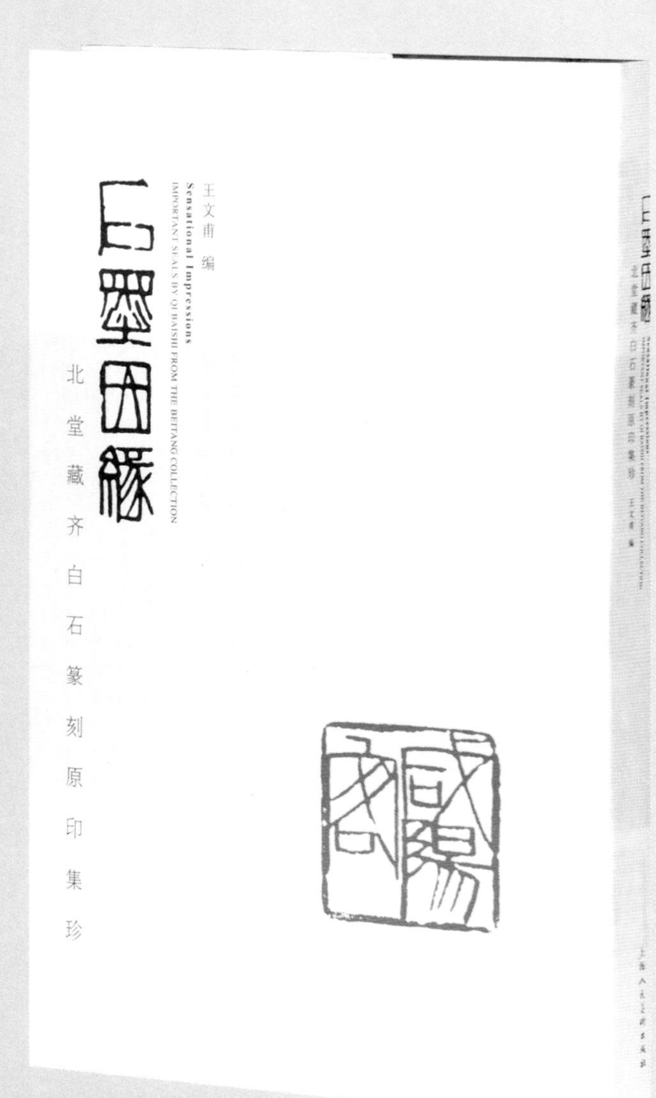

王文甫 编
Sensational Impressions
IMPORTANT SEALS BY QI BAISHI FROM THE BEITANG COLLECTION
北堂藏齐白石篆刻原印集珍

装帧设计提名奖

2013-

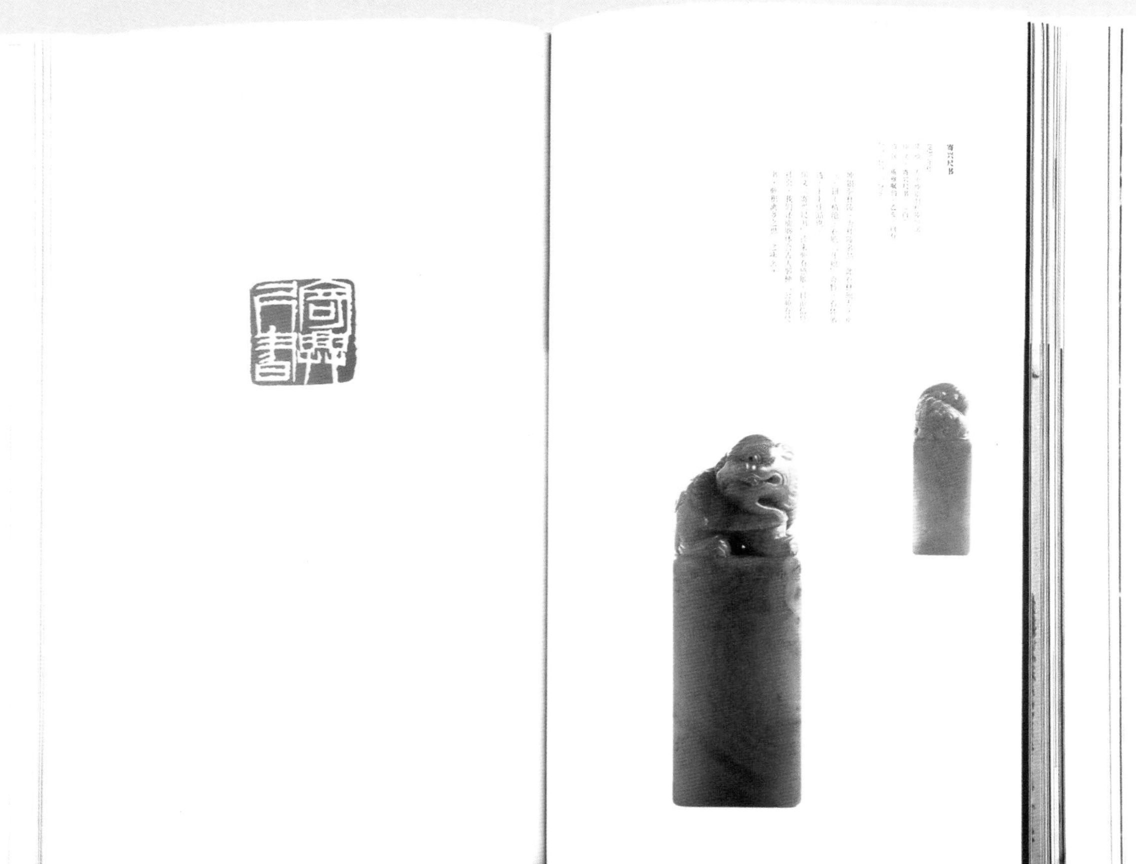

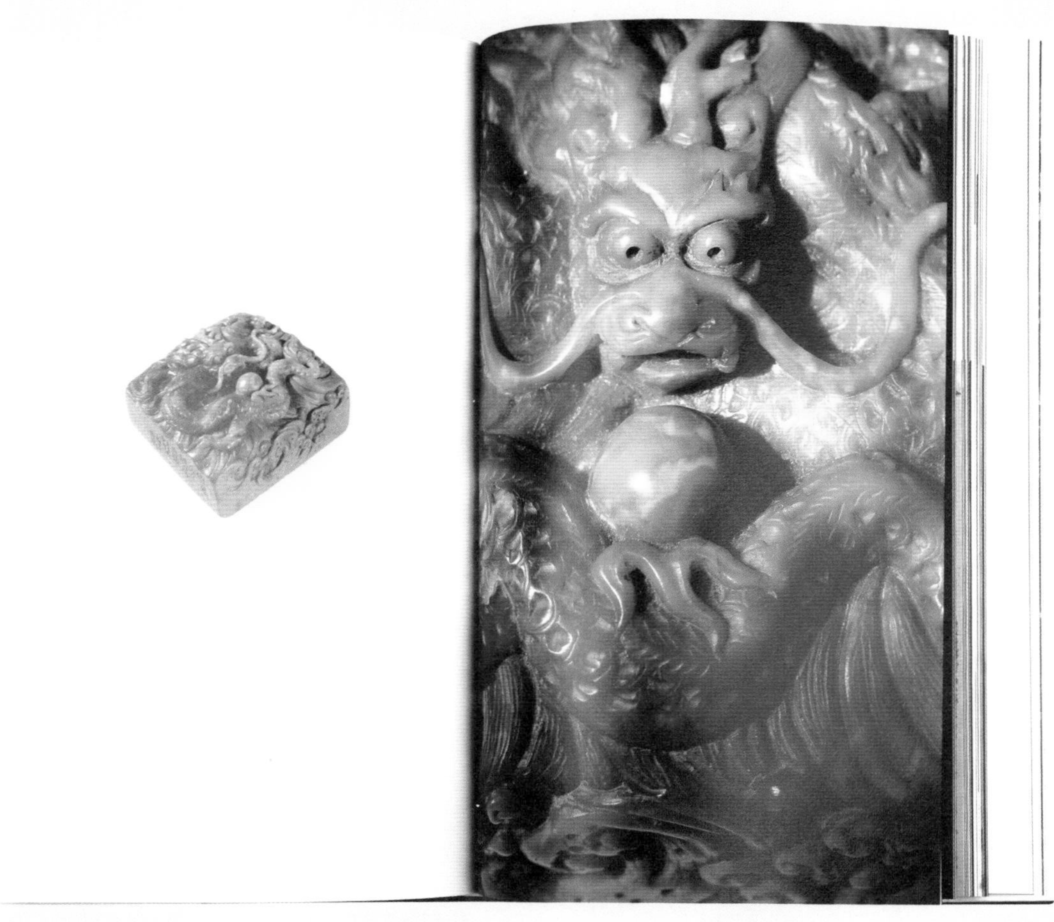

12

书名

符号江苏

出版

译林出版社

设计

胡苨　陆莹　常征

评语

本丛书精选最具有公认的江苏文化基因和符号意义的江苏特色文化资源，向海外介绍和传播中华文明中这些国家级物质和非物质文化遗产。书籍整体设计书卷气十足，系列感强烈。

封面采用细石装饰纹理的特种纸张，配以居中构图的江苏特色元素符号，加以红色印章，宛如一幅美丽的中国画卷的装裱。

空间余白恰到好处，以虚带实，举重若轻，是一套极具代表性的丛书设计。

符号江苏
明孝陵
夏维中 韩文宁 著
符号江苏
译林出版社
南京云锦
张道一 著
符号江苏
译林出版社
昆曲
俞为民 著
译林出版社

13

书名

书与法——王冬龄 邱振中 徐冰作品展

出版

湖南美术出版社

设计

任四四

评语

书籍设计让笔墨文字更隽永，外看沉静内敛，打开张扬奔放。

本书涵盖的展览作品既有贴近传统的书法作品，也有当代的富于表现性的艺术语言，因此书籍设计也力求传达这样一种传统与当代融合的理念。在形式上，采用仿古线装的形式进行装订；装订线条构成“书与法”三个汉字，既展示出与古代线装书的区别，又增加了灵动的韵味。

封面采用灰色布面，质感古朴，沉静内敛，富有古代的含蓄之美。外加 PVC 透明书盒保护，同时又体现了书法若隐若现、抑扬顿挫之感。

内页结构复杂多样，多用大拉页、对折页，打开翻阅张扬奔放，全方位展示作品的磅礴气势。

目錄

装帧设计提名奖

2013

14

书名

大豆研究 50 年

出版

中国农业科学技术出版社

设计

马刚创意群

评语

一本 80 万字的书，拿起来轻松，读起来便捷。视觉一色青青绿绿，内外统一，阴阳一体。封面、内文、勒口、边口，全然融化在《大豆研究 50 年》这样一个成果之中，实为朴素、大方、富有书籍本体生命活力的书籍整体设计佳作。

装帧设计提名奖

2013-

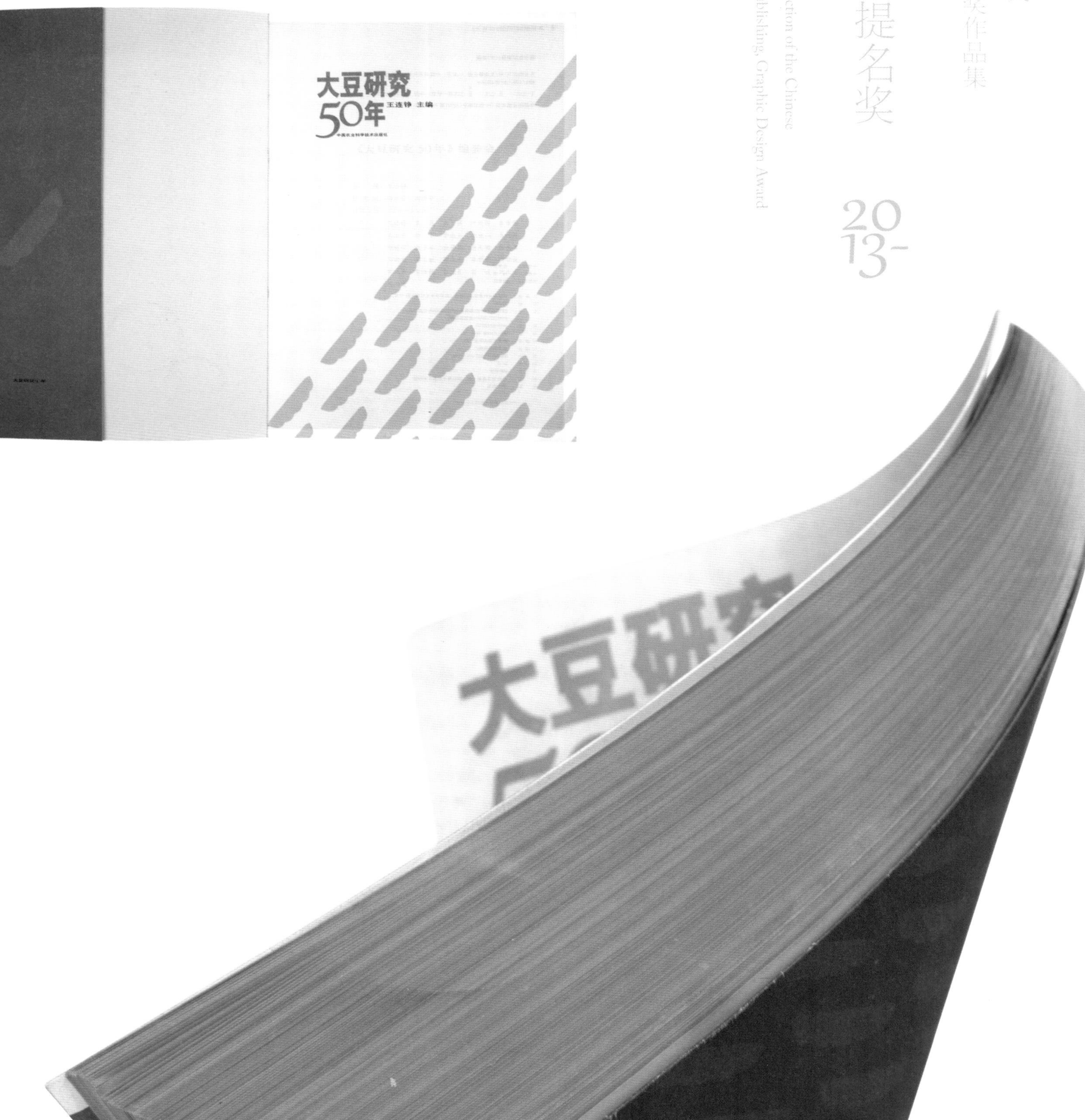

15

书名

人教版义务教育教科书

出版

人民教育出版社

设计

人教社设计团队

评语

本书籍的设计在遵循教育部对教科书版面设计要求（包括开本、版心、字体、字号、行距、字距）的基础上，将整体性概念引入并贯彻到整套教材的设计之中。

把以往的装帧观念转化为信息的视觉化整合与再传达，将教学内容通过设计进行科学性和艺术性的梳理，使文本、插画、图表形成一个层次清晰的阅读空间，增加了文本传达的力度和可读性。

中国出版政府奖
装帧设计奖 获奖作品集
2007－2013

装帧设计提名奖

The Awarded Works Collection of the Chinese Government Award for Publishing, Graphic Design Award
The Third Session 2013

2013-

16

书名

现代汉语词典（第6版）

出版

商务印书馆

设计

李杨桦　毛尧泉

评语

这本书是商务印书馆为纪念成立115周年而设计制作的珍藏版图书。辞书的设计难度最大，其体例极为复杂，需要专业化、精细无误的设计。既要适合便捷的查阅，又要适宜阅读，融严谨性、实用性和美观性于一体。本书作为纪念版，在每个细节处皆细致打磨。

封面采用压凹、烫金工艺，烫印图文完整清晰，印记牢固，细节精致。在切口部分，拇指索引及内附的红色丝绸感书签带兼顾美观、实用于一体，滚金口更凸显其珍藏价值。全书设计印制精美，用料讲究，体现了庄重、沉稳、大方的设计理念。

装帧设计提名奖

2013-

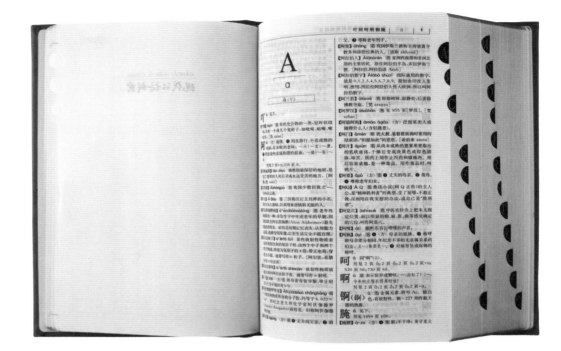

17

书名

我的第一本早教塑料书

出版

安徽少年儿童出版社

设计

欧阳春

评语

本书是专门为幼儿设计的一套安全早教系列丛书。

书籍设计区别于传统少儿图书的设计形式，亮点是采用国际先进的环保塑料，具有柔软、强韧、耐久以及可泡在水里等特性。它不仅能让宝宝安全无忧地玩，借此满足他们的好奇心，而且它所呈现的丰富内容和精美图片更能吸引宝宝进入美丽的阅读世界。撕不烂、不伤手、不怕水、不怕脏，是宝宝可以边洗澡、边玩、边看的书。

在装帧的形态上更注重实用性与艺术性的结合，将便携的理念与书籍的装帧理念融合一体，令人耳目一新。在内页的设计上，本书采用丰富多彩的插画语言，色彩饱满，生动有趣。设计者的可贵之处在于大胆创新，使现代科技与传统的形式结合，探寻更新颖的书籍装帧形式。

装帧设计提名奖

2013-

一连三天，王子都被灰姑娘迷住了。可
娘还是不顾他的挽留，匆匆离开了。王子只
10
但是继母又说灰姑娘没有漂亮的衣服，不能参加盛大的舞会，
带着自己的两个女儿走了。
6
灰姑娘又来
去找它的主人，灰姑娘的姐姐们争着去试穿，可她
服、水晶鞋子，还有
穿不上。
11

夜里，老蛤蟆看到了睡在核桃壳里的拇指姑娘，他得意地笑着说："这么漂亮的姑娘，给我当儿媳妇还不错。"

2

老蛤蟆把拇指姑娘安放在睡莲叶子上，就给儿子准备新房去了。拇指姑娘伤心地哭呀哭，好心的鱼儿们咬断睡莲茎救了她。

3

18

书名

大海的方向——华光礁Ⅰ号沉船特展

出版

凤凰出版社

设计

姜嵩

评语

中国古代海上贸易的历史久远，被誉为“海上丝绸之路”。海南岛与南海诸岛占据海上丝绸之路的重要地位。

本书正是以“华光礁Ⅰ号”沉船为脉络，较为全面地记录和展现了南海出水文物，从而证明了那段历史的钩沉以及中西文化交流的源远流长，也证明了南海诸岛自古以来就是中国神圣领土的事实。

本书分为上、下两编，上编以学术研究为主，图片为辅；下编则以图录形式展示南海出水文物。全书的设计以蓝色为基调，紧扣主题，不同明度、纯度的蓝色与内容的推进有序而紧密，突出呈现了海洋文明的特点。

封面采用烫印与击凸的工艺，配以内页庄重大气的图像编排，使形式与内容紧密契合，格调雅致。

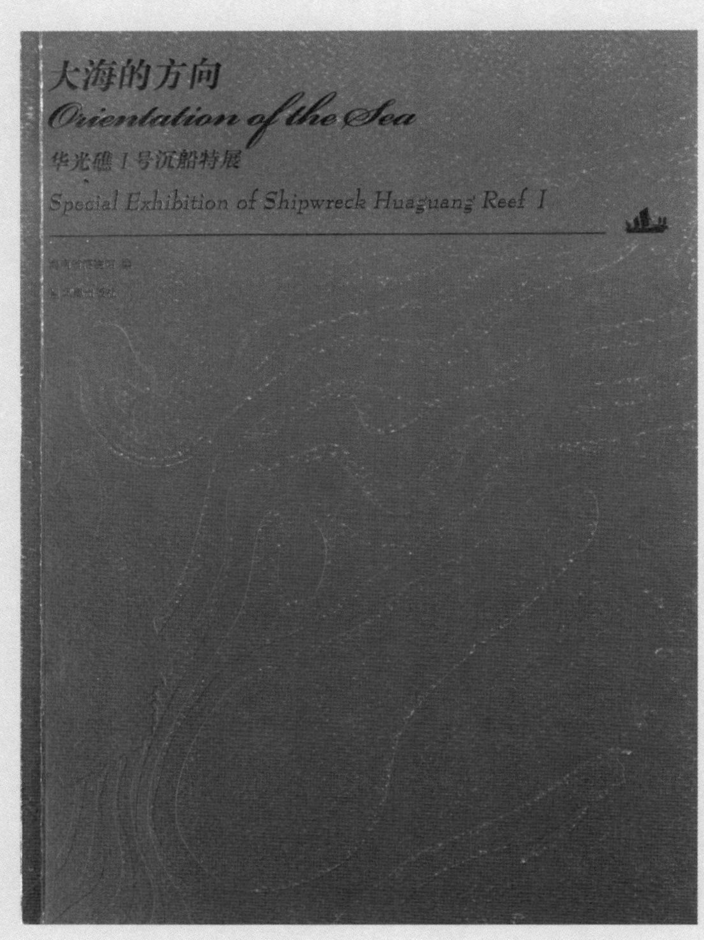

Preface / Reproducing the Ancient Navigation
Light of China

Fan Xiaojun
and Hainan Island / Qiu Gang
Southern
the Oars: Story of Raising the
Antiques of Shipwreck Site of
in Huaguang Reef Ⅰ / Li Zhao
Seen from Porcelain Powder
Qing Dynasty Excavated from
Marine Culture Sites in Hainan
Yulong and Wang Shaoxia
Marine
South China Sea Once Carried
Protection in China from the
of the Hull and Antiques of
Governance to the South
the Underwater Archeology
Zhang Cong
of Orientation

2013-

Part Ⅱ
From the Ends of the Earth, All Share this Moment:
Antiques from the South China Sea
Chinaware Excavated from Huaguang Reef
Bluish white glazed ewer with bow string pattern Bluish white glazed ewer with bow string pattern Bluish white glazed ewer with bow string pattern Bluish white glazed ewer with bow string pattern Bluish white glazed ewer with incised floral design Bluish white glazed ewer with incised floral design Bluish white glazed powder box with stamped floral decoration Small bluish white glazed vase with chrysanthe-mum-petal design Bluish white glazed vase with decoration of lotus-petal design in cucurbit shape Small bluish white glazed vase with design of chrysanthemum-petal Bluish white glazed bowl with upper rim shaped like mallow petals Bluish white glazed plate with upper rim shaped like mallow petals Bluish white glazed plate with upper rim shaped like mallow petals Relic of small bluish white glazed dish with incised floral design Relic of small bluish white glazed dish with stamped floral decoration Relic of bluish white glazed plate with stamped floral decoration and upper rim shaped like water chestnut Relic of bluish white glazed bowl with incised floral design Cementing lump of coral and celadon bowl Celadon bowl with incised design Celadon bowl with incised floral design and upper rim shaped like mallow petals Celadon bowl with incised floral design Celadon bowl with incised floral design Celadon bowl with incised floral design Celadon bowl with incised design Celadon bowl with incised floral design Celadon bowl with incised floral design Celadon bowl with incised floral design Big celadon bowl with incised floral design Big celadon bowl with incised floral design Big celadon bowl with incised floral design and a character 'Ji' Small celadon bowl with upper rim shaped like mallow petals Small celadon bowl with upper rim shaped like mallow petals Small celadon bowl Small celadon bowl Bluish white glazed bowl with incised floral design Celadon flask Celadon jar with brown splashes and small mouth Soy-brown glazed *Junchi* (water container) Cementing lump of soy-brown glazed jar with small mouth Soy-brown glazed jar with small mouth Soy-brown glazed jar with small mouth Soy-brown glazed jar with small mouth Soy-brown glazed vase with small mouth Soy-brown glazed jar with four handles

19

书名

100 李山

出版

上海大学出版社

设计

张天志

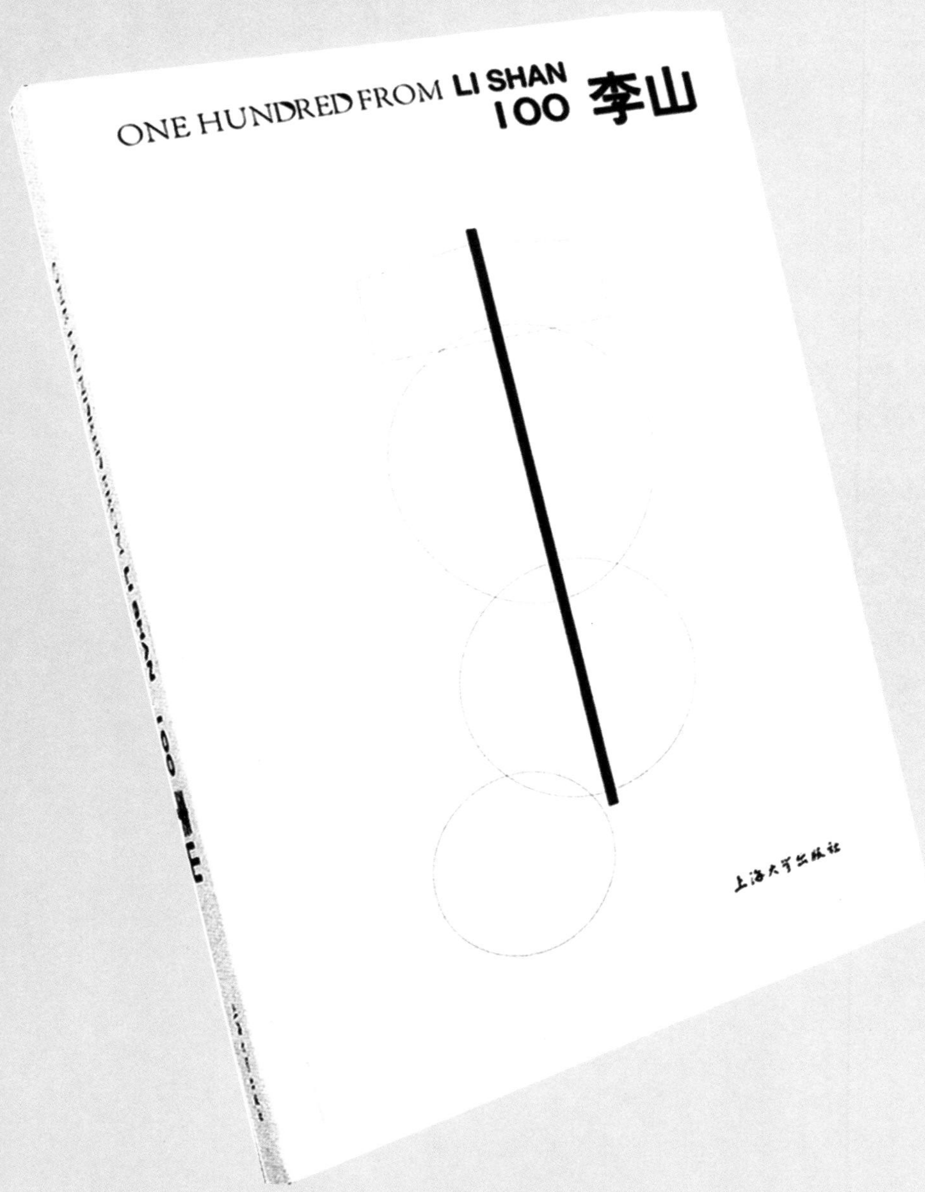

评语

本书收录了李山先生的 100 幅生物艺术作品。这些作品以五彩斑斓的色彩、超乎想象的构图元素和超越时代的生物基因构想，呈现出令人惊叹激赏的艺术世界，具有非常高的艺术价值和社会价值。

封面的设计语言极其简练，设计后的数字“100”显得格外别致。内页版式大面积的空间余白，以虚带实，艺术作品显得格外突出、醒目。

整本书在含蓄的设计语言表现中温和地隐含了李山对人类与其他生物依存关系的思考。

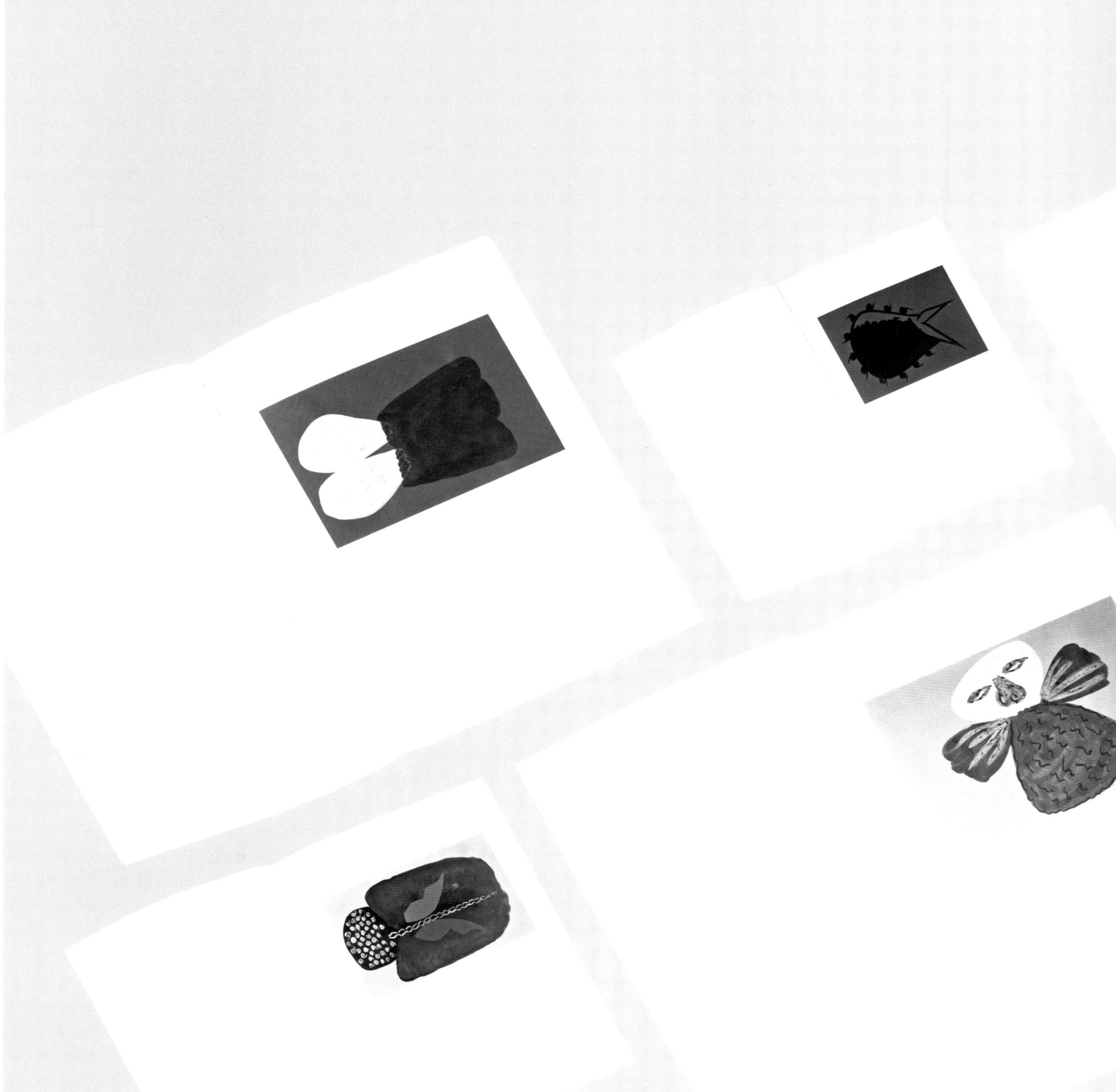

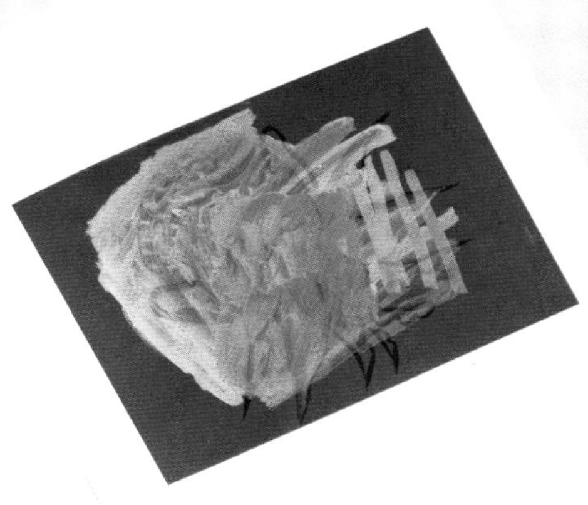

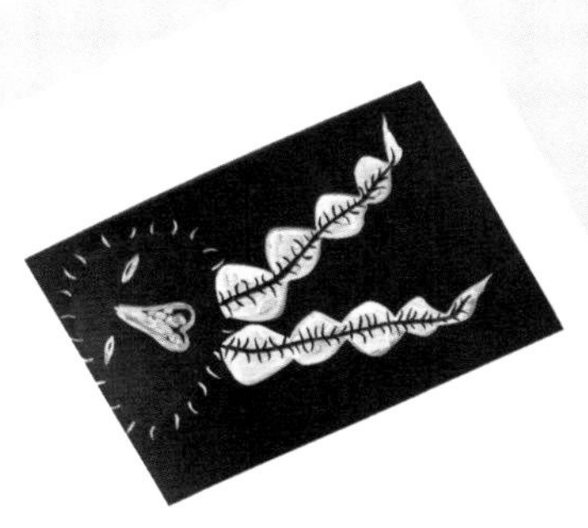

中国出版政府奖

装帧设计奖 获奖作品集

2007–2013

装帧设计提名奖

The Awarded Works Collection of the Chinese Government Award for Publishing, Graphic Design Award

The Third Session 2013

2013-

书名

聆听艺术（音像）

出版

上海城市动漫出版传媒有限公司

设计

马青

评语

《聆听艺术》音像精装礼盒收录了 14 位艺术家的经典讲座视频，内容涵盖交响乐、歌剧、舞蹈、大提琴独奏、新编历史剧、越剧等不同艺术形式。

整体设计提炼出抽象的艺术符号作为书籍标志性元素，即“耳”的造型。采用击凸工艺、行云流水的线条很好地诠释了聆听声音的概念，华丽的纸张与精致的印刷工艺诠释了“声音的艺术”与经典的概念。

书籍由函盒、简装册子与光盘合订本构成。光盘合订本的设计采用经折装的形式表现。

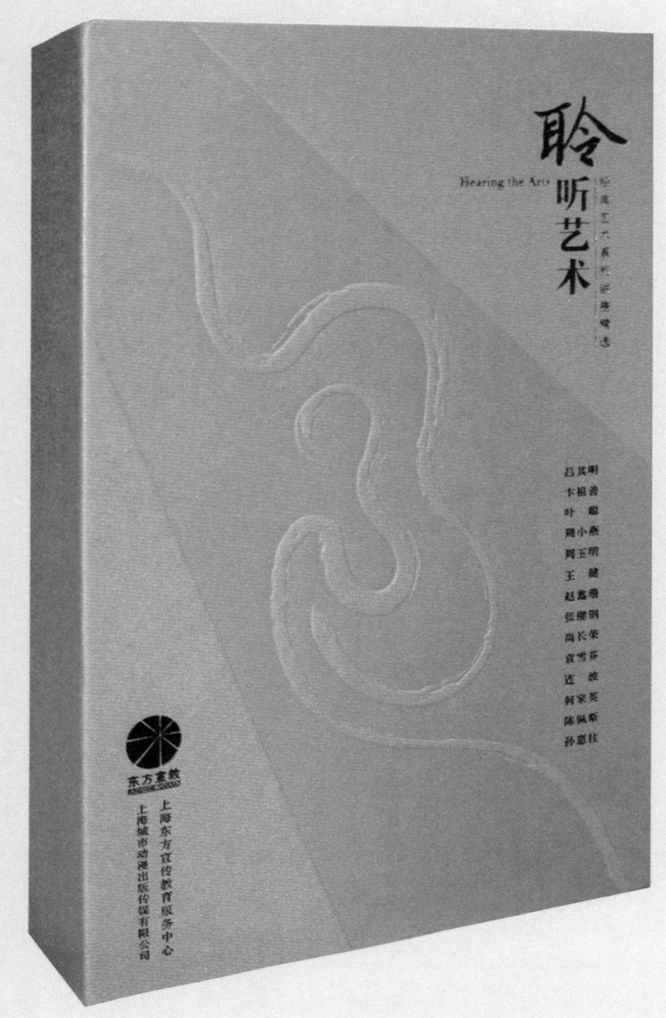

聆
听艺术

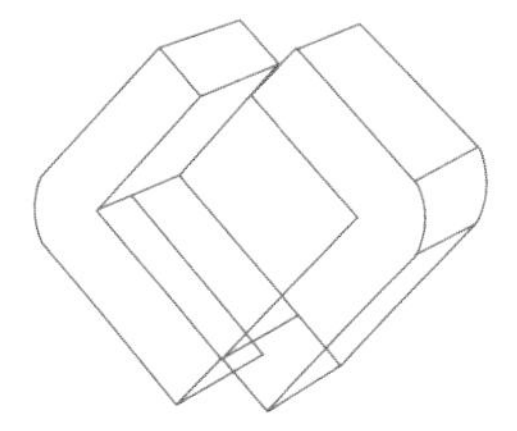

中国出版政府奖

装帧设计奖获奖名单

2013-

装帧设计奖

作品名称	设计者	出版单位
01 剪纸的故事	吕旻 杨婧	人民美术出版社
02 天堂	刘静	人民文学出版社
03 纸	朱锷设计事务所	北京大学出版社
04 这个冬天懒懒的事——90后作家高璨诗绘本	高洪亮 姚立华	陕西人民出版社
05 中华舆图志	吕敬人 吕旻 杨婧	中国地图出版社
06 当代中国建筑史家十书——王世仁中国建筑史论选集	范文南 彭伟哲	辽宁美术出版社
07 藏传佛教坛城度量彩绘图集	旦增·龙多尼玛 土多朗嘉 伍金仁真	西藏人民出版社
08 荒漠生物土壤结皮生态与水文学研究	刘晓翔 王洋	高等教育出版社
09 云冈石窟装饰图案集	穆振英 李桐 陈建广	天津人民美术出版社
10 吃在扬州——百家扬州饮食文选	赵清	江苏科学技术出版社

装帧设计提名奖

作品名称	设计者	出版单位
01 竹笛艺术研究	罗洪	人民音乐出版社
02 中国设计全集	李杨桦	商务印书馆 海天出版社
03 砚史笺释	陆智昌	生活·读书·新知三联书店
04 格萨尔唐卡研究	张苹 康燕	中华书局
05 中华书局藏徐悲鸿书札	丰雷	中华书局
06 荷衣蕙带——中西方内衣文化	徐洁 霍静宇	人民美术出版社

装帧设计提名奖

作品名称	设计者	出版单位
07　金克木集（8卷）	蔡立国	生活·读书·新知三联书店
08　山西文化资源地图	王春生　刘志斌	山西教育出版社　山西科学技术出版社
09　7+2登山日记	张志伟	北京大学出版社
10　顾城诗选——暴风雨使我安睡	金山　韩笑	北京十月文艺出版社
11　石墨因缘——北堂藏齐白石篆刻原印集珍	袁银昌	上海人民美术出版社
12　符号江苏	胡苨　陆莹　常征	译林出版社
13　书与法——王冬龄　邱振中　徐冰作品展	任四四	湖南美术出版社
14　大豆研究50年	马刚创意群	中国农业科学技术出版社
15　人教版义务教育教科书	人教社设计团队	人民教育出版社
16　现代汉语词典（第6版）	李杨桦　毛尧泉	商务印书馆
17　我的第一本早教塑料书	欧阳春	安徽少年儿童出版社
18　大海的方向——华光礁Ⅰ号沉船特展	姜嵩	凤凰出版社
19　100李山	张天志	上海大学出版社
20　聆听艺术（音像）	马青	上海城市动漫出版传媒有限公司

图书在版编目（CIP）数据

中国出版政府奖装帧设计奖获奖作品集 / 柳斌杰主编. -- 沈阳 ：辽宁美术出版社，2015.7

ISBN 978-7-5314-6900-1

Ⅰ. ①中… Ⅱ. ①柳… Ⅲ. ①书籍装帧-设计-作品集-中国-现代 Ⅳ. ①TS881

中国版本图书馆CIP数据核字(2015)第173123号

出 版 者：辽宁美术出版社

地　　址：沈阳市和平区民族北街29号　邮编：110001

发 行 者：辽宁美术出版社

印 刷 者：辽宁奥美雅印刷有限公司

开　　本：889mm×1194mm　1/12

印　　张：30 $^1/_3$

字　　数：450千字

出版时间：2016年4月第1版

印刷时间：2016年4月第1次印刷

ISBN 978-7-5314-6900-1

定　　价：580.00元（全3册）

邮购部电话：024-83833008

E-mail：lnmscbs@163.com

http：//www.lnmscbs.com

图书如有印装质量问题请与出版部联系调换

出版部电话：024-23835227